果品绿色生产与营养健康

◎ 聂继云 主编

GUOPIN LVSE SHENGCHAN YU
YINGYANG JIANKANG

U0272095

中国农业科学技术出版社

图书在版编目（CIP）数据

果品绿色生产与营养健康 / 聂继云主编 . —北京：中国农业科学技术出版社，2020.4

ISBN 978-7-5116-4514-2

Ⅰ.①果… Ⅱ.①聂… Ⅲ.①果树园艺—问题解答 ②果品—食品营养—问题解答 ③果品—食物养生—问题解答 Ⅳ.①S66-44 ②R151.3-44 ③R247.1-44

中国版本图书馆 CIP 数据核字（2019）第 256908 号

责任编辑	崔改泵　李　华
责任校对	贾海霞

出 版 者	中国农业科学技术出版社
	北京市中关村南大街12号　　邮编：100081
电　　话	（010）82109708（编辑室）　（010）82109702（发行部）
	（010）82109709（读者服务部）
传　　真	（010）82106631
网　　址	http://www.CASTP.cn
经 销 者	各地新华书店
印 刷 者	北京富泰印刷有限责任公司
开　　本	850mm×1 168mm　1/32
印　　张	5.875　彩插8面
字　　数	153千字
版　　次	2020年4月第1版　2020年4月第1次印刷
定　　价	32.00元

《果品绿色生产与营养健康》

编 委 会

主 编 聂继云

参 编（按姓氏拼音排序）

内容简介
CONTENT SUMMARY

　　果品营养丰富，是饮食中不可替代的重要组成部分，具有增进健康、调节代谢、预防疾病等功能。"天天有果吃"已成为优质生活的重要标志和具体体现。随着经济、社会和产业的快速发展，我国对果品的要求已从数量转变为质量。安全、营养、健康成为果品生产、经营和消费的三大主题和共同关注焦点。然而，由于相关知识丰富而分散，加之信息不对称，非专业人员难有系统了解。专门针对果品安全、营养、健康知识，编写出版一本科普著作就显得非常必要和紧迫。

　　本书围绕果品安全、营养、健康，针对社会关注的焦点和热点，凝练了100个知识点，并以问答的形式逐一解读。全书共4篇，第一篇"果品生产"24个知识点，第二篇"果品安全"20个知识点，第三篇"果品营养"27个知识点，第四篇"果品消费"29个知识点。书末提供了75种果品的实物图片。本书内容权威、知识全面、通俗易懂，可供寻常百姓、生产者、经营者，以及科研院所、大专院校等部门的人员阅读和参考。

前 言

PREFACE

水果及其干制品和坚果统称果品。果品含有丰富的营养，是饮食中不可替代的重要组成部分。果品可增进健康、调节代谢、预防疾病，明代大医学家李时珍将其概括为"熟则可食，干则可脯，丰俭可以济时，疾苦可以备药。辅助粒食，以养民生"。我国是世界第一大果品生产国和消费国，果品种类丰富、供应充足，为满足巨大而又多样化的消费需求奠定了坚实基础，在满足人民日益增长的美好生活需要中发挥着越来越重要的作用。"天天有果吃"已成为优质生活的重要标志和具体体现。

随着我国经济社会和果树产业的快速发展，以及人民收入和生活水平的不断提高，消费者对果品的要求已从满足数量需求转变为满足质量需求。安全、营养、健康已成为果品生产、经营和消费的三大主题和共同关注焦点，人们急切希望系统了解果品安全、营养、健康相关知识。然而，由于这些知识丰富而分散，加之信息不对称，除非专业人员，难以系统了解和掌握，往往不系统、不准确、不全面，甚至似是而非。专门针对果品安全、营养、健康知识，编写出版一本科普著作就显得非常必要和紧迫。

为此，本书围绕果品安全、营养、健康，针对社会关注的焦点和热点，凝练了100个知识点，并以问答的形式逐一解读，务求科学、准确、全面、易读。全书共4篇，第一篇"果品生产"，重点介绍果品有哪些种类、产自哪里、如何生产；第二篇"果品安全"，重点介绍果品有哪些安全风险和安全限量；第三篇"果品营养"，重点介绍果品的营养价值、成分特点和品质特征；第四篇"果品消费"，重点介绍果品怎么选、怎么存、怎么吃。书末还以附图的形式提供了75种果品的实物图片，以便读者"按图索骥"。为便于阅读，书末还提供了缩略语一览表。

本书由聂继云教授主笔，并担任主编。本书内容权威、知识全面、通俗易懂，可供寻常百姓、生产者、经营者，以及科研院所、大专院校等部门的人员阅读和参考。

由于编者水平有限，时间仓促，书中错误或不妥之处在所难免，衷心希望广大读者批评指正。

聂继云

2020年2月

目 录
CONTENTS

第一篇　果品生产

1　我国常见果树有哪些？

中国领土辽阔，地跨寒、温、热三带。复杂的地理和气候条件使得我国拥有非常丰富的果树资源，成为全世界最大的果树原产中心。这些果树种类繁多、特性各异，既可以按生命活动中有无明显休眠期分类，也可以按植株形态特性分类，还可以按生态适应性分类。

（1）根据有无明显休眠期　可分为两类，落叶果树和常绿果树。树莓、蓝莓等少数果树比较特殊，既有常绿的，也有落叶的。

落叶果树　每年生命活动中有明显的生长期和休眠期之分的果树。每年晚秋或初冬生长期末，当年新生的叶片通常老化并脱落，表示休眠期来临。一般我国北方栽培的果树多是落叶果树。常见落叶果树有阿月浑子、板栗、草莓、果桑、果松、核桃、山核桃、梨、李子、梅、猕猴桃、木瓜、苹果、葡萄、山楂、石榴、柿子、桃、无花果、杏、银杏、樱桃、枣、榛子等。

常绿果树　在生命活动中没有明显的休眠期，终年皆具绿叶，光合作用可在全年进行。老叶在新叶长出后才逐渐脱落。热带栽培的果树几乎全是常绿果树。亚热带栽培的许多果树也是常绿果树。

南方栽培的果树多是常绿果树。常见常绿果树有澳洲坚果、菠萝、蛋黄果、番木瓜、番石榴、柑橘、橄榄、海枣、红毛丹、黄皮、火龙果、荔枝、莲雾、榴莲、龙眼、芒果、毛叶枣、面包果、木菠萝、枇杷、蒲桃、人心果、山竹、蛇皮果、酸豆、西番莲、香蕉、香榧、杨梅、杨桃、油梨、腰果、椰子、余甘子等。

（2）依据植株的形态特性　可分为4类，乔木果树、灌木果树、藤本果树和草本果树。

乔木果树　自然状态下有一较明显而直立的主干，顶芽沿中轴不断向上生长。侧生分枝相对较弱，形成具大量营养枝和结果枝的树冠。与灌木果树相比，进入结果期较晚，寿命较长。大多数果树都属于乔木果树。常见乔木果树有板栗、橄榄、核桃、梨、木菠萝、苹果、柿子、桃、无花果、杏、椰子、银杏、樱桃、枣等。

灌木果树　自然状态下从基部形成几个多年生主茎。主茎寿命一般长6～10年，但生长势较弱，主茎一般1～1.5m，包括大多数小浆果及某些核果类果树。常见灌木类果树有刺梨、醋栗、番荔枝、树莓、穗醋栗、余甘子、榛子等。

藤本果树　茎（藤蔓）较细长而柔软，具有缠绕攀缘特性。在自然状态下依托其他植物，可形成高大的叶幕。在无依托状态下则匍匐于地面蔓延生长。人工栽培时需设立专门的支架。常见藤本果树有葡萄、猕猴桃、西番莲等。

草本果树　植株为草本。常见草本果树有菠萝、草莓、火龙果、香蕉、番木瓜等。

（3）依据生态适应性差异　可分为4类，寒带果树、温带果树、亚热带果树和热带果树。

寒带果树　适于在寒带栽培的果树。常见寒带果树有醋栗、秋子梨、山葡萄、树莓、榛子等。

温带果树　适于在温带栽培的果树，一般在秋、冬落叶，分布范围在31°N～55°N和31°S～55°S。常见温带果树有核桃、梨、李子、苹果、葡萄、山楂、柿子、桃、杏、枣等。

亚热带果树　适于在亚热带偶有轻霜出现的地区栽培的果树，分布范围在南北回归线至南北纬30°之间。常见亚热带果树有扁桃、柑橘、橄榄、黄皮、荔枝、龙眼、猕猴桃、枇杷、蒲桃、石榴、无花果、杨梅、杨桃、苹婆等。

热带果树　适于在热带无霜冻地区栽培的常绿果树，多分布在20°N～20°S。常见热带果树有菠萝、番荔枝、番木瓜、番石榴、海枣、红毛丹、榴莲、芒果、面包果、木菠萝、人心果、山竹、腰果、椰子、油梨、香蕉等。

2　我国常见果品有哪些?

果品是鲜果和干果的统称。鲜果即水果，含水分较多，适于鲜食。干果含水分较少，主要指坚果，也包括鲜果经晾晒或烘干而成的干制品，如干枣、桂圆干、荔枝干、葡萄干、桑葚干、柿饼、无花果干等。我国果品种类丰富，作为商品栽培的果品超过70种（附图2）。依据果实结构，果品可分为以下10类。

（1）仁果类　果实由花朵的合生心皮下位子房与花托、萼筒共同发育而成。食用部分主要由肉质的花托发育而成，心皮形成果心，所占比例较小，称为仁果，属假果。常见的仁果类水果有梨、木瓜、枇杷、苹果、山楂、榅桲等。

（2）核果类　果实由花朵的单心皮周位花的上位子房发育而

成。食用部分主要是肉质的中果皮和外果皮，内果皮木质化构成果实中央的硬核，故称核果，为真果。常见的核果类水果有橄榄、海枣、李子、毛叶枣、梅、芒果、桃、杏、杨梅、樱桃、油梨、余甘子、枣等。

（3）浆果类 果实由花的子房或联合其他花器发育而成。果肉多汁柔软，种子小，全果或中果皮和内果皮供食用。常见的浆果类水果有醋栗、蛋黄果、番木瓜、番石榴、黄皮、火龙果、蓝莓、莲雾、猕猴桃、葡萄、蒲桃、人心果、沙棘、石榴、柿子、穗醋栗、无花果、西番莲、香蕉、杨桃等。

（4）柑橘类 果实是由多心皮上位子房发育而成的多瓣、肥大的肉质果。果实外部是具有油泡的革质外果皮，橘皮内层白色海绵状组织是中果皮，食用部分是内果皮内表皮层的瘤状凸起——汁囊或汁泡。常见的柑橘类水果有橙、柑、橘、柚、柠檬、金柑等。

（5）坚果类 果实由花的单心皮或合生心皮发育而成。成熟时果皮坚硬干燥，果实外部多具坚硬的外壳。食用部分多为种子的子叶或胚乳，含水分较少而富含淀粉、脂肪和蛋白质。常见的坚果类果品有开心果（阿月浑子）、澳洲坚果、巴西坚果、板栗、巴旦杏（扁桃）、核桃、山核桃、仁用杏、松子、香榧、腰果、椰子、银杏（白果）、榛子等。

（6）其他 包括聚复果类（指多果聚合，或心皮合成的复果，如菠萝、草莓、番荔枝、榴莲、面包果、木菠萝、桑葚、树莓等）、荔枝类（红毛丹、荔枝、龙眼等）、荚果类（角豆、苹婆、酸豆等）、壳果类（山竹、蛇皮果等）和果用瓜类（甜瓜、西瓜）。

3 我国苹果产自哪里？

苹果属蔷薇科（Rosaceae）苹果属（*Malus*）植物，为多年生落叶果树。苹果是世界第二大水果，产量仅次于柑橘。根据联合国粮农组织（FAO）的统计数据，近10年来，全球苹果产量呈稳步增长态势，2016年达到8 932.9万t。我国苹果栽培已有2 000多年的历史，大苹果（即西洋苹果，现在通常所说的苹果）的栽培始于1870年前后，现已成为我国第一大水果，产量约占中国园林水果总产量的1/4。中国是世界第一大苹果生产国和消费国，产量接近全球的50%。

我国传统苹果产区有7个——渤海湾产区（辽宁、山东、河北等省）、黄土高原产区（山西、甘肃、陕西、河南等省）、黄河故道产区（豫东、鲁西南、苏北、皖北）、秦岭北麓产区（渭河两岸、豫西、鄂西北）、西南冷凉高地产区（四川、云南、贵州等省）、东北寒地小苹果产区和新疆产区。近年来，随着我国苹果生产区域布局的调整，逐步形成了渤海湾和黄土高原两大优势产区。其中，渤海湾优势产区位于胶东半岛、泰沂山区、辽南和辽西部分地区、燕山、太行山浅山丘陵区，黄土高原优势产区位于陕西渭北和陕北南部地区、山西晋南和晋中、河南三门峡地区、甘肃陇东和陇南地区。根据2016年数据，全国（我国台湾省未统计，下同）20个省份有成规模的苹果经济栽培。陕西、山东、河南、山西、河北、甘肃、辽宁、新疆、四川、宁夏、江苏等11个省份苹果产量均在50万t以上，占全国苹果产量的96.7%，各省份的苹果产量和占比详见图1。

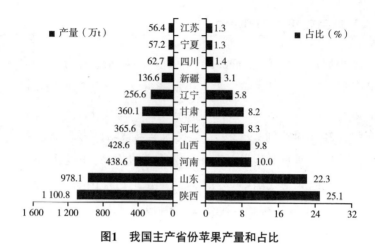

图1 我国主产省份苹果产量和占比

4 我国柑橘产自哪里？

中国是世界第一大柑橘生产国，2016年达到全球的25.9%。中国柑橘栽培历史悠久，最早见于《禹贡》一书，"淮海惟扬州，厥包橘柚锡贡"，迄今已有4 000多年。柑橘属芸香科（Rutaceae）植物，生产上应用的主要涉及3个属，即柑橘属（*Citrus*）、金柑属（*Fortunella*）和枳属（*Poncirus*）。大部分柑橘栽培种类和品种都属于柑橘属。我国柑橘资源丰富、良种繁多，现已发展为我国南方栽培面积最广、经济地位最重要的果树，在我国五大水果（苹果、柑橘、梨、葡萄和香蕉，下同）中仅次于苹果。我国柑橘分布于北纬16°～37°地区，经济栽培区主要集中在北纬20°～33°，即长江流域及以南地区。近年来，我国柑橘生产进一步向长江上中游、赣南—湘南—桂北、浙—闽—粤、鄂西—湘西以及特色生产基地等优势区集中。

根据2016年数据，全国17个省份有成规模的柑橘经济栽培。广西、湖南、广东、湖北、四川、福建、江西、重庆、浙江等9个省份是我国主要柑橘产区，占全国柑橘产量的95.3%，各省份的柑橘产量和占比详见图2。其中，柑主产省份（按产量由高到低，下同）依次为广西、湖北、湖南、四川、广东、浙江、福建、江西、陕西、重庆，占全国柑产量的97.8%。橘主产省份依次为广东、湖南、江西、湖北、福建、浙江、四川、广西、云南、重庆，占全国橘产量的96.2%。橙主产省份依次为重庆、广西、四川、江西、湖南、湖北、广东、福建，占全国橙产量的97.3%。柚主产省份依次为福建、广东、广西、四川、重庆、浙江、湖南、湖北，占全国柚产量的96.2%。

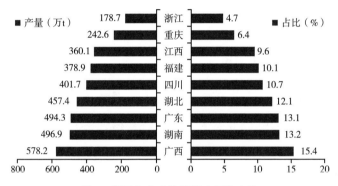

图2　我国主产省份柑橘产量和占比

我国柑橘栽培类型丰富，可分为宽皮柑橘、甜橙、柚、柠檬和其他柑橘类水果（如金柑），分别占全国柑橘栽培面积和产量的66.2%和45.2%、19.3%和22.2%、3.9%和12.1%、4.0%和6.0%、6.7%和14.4%。宽皮柑橘（*Citrus reticulate* Blanca）是橘和柑的统称，因果皮宽松、易剥离而得名，也称宽皮橘。宽皮柑橘中心柱较宽而空，汁胞柔软多汁，味甜。橙、柚等不易剥皮，称为紧皮柑橘。甜橙（*Citrus sinensis* Osbeck）别名广柑、黄果、广橘等，皮较薄，包着较紧，油泡点凸起，较光滑；中心柱充实；汁多，味酸甜。我国栽培的甜橙主要有普通甜橙、脐橙和血橙三大类型。普通甜橙果肉橙色或黄色，无脐。脐橙果肉橙色，有由次生雌蕊群发育而成的"脐"，即次生果，脐孔大小不一，有开脐或闭脐。血橙无脐，果肉赤红色或橙色带红色斑条。柚[*Citrus grandis*（L.）Osbeck]，别名文旦、香栾、朱栾、内紫等，个大；果皮厚、难剥离；果肉白色（白柚）或粉红色（红心柚），汁胞粗大，甜酸味，有时略带苦味，果汁维生素C含量较高。柠檬[*Citrus limon*（L.）Burm. f.]，果皮稍厚，具芳香；肉汁极酸，含柠檬酸3%～5%，维生素C丰富。金柑[*Fortunella japonica*（Thunb.）Swingle]，果小，橙色，果皮肉质，味甜，汁胞小，汁酸。

5 我国梨产自哪里？

梨（*Pyrus* spp.）属蔷薇科（Rosaceae）梨亚科（Pomaceae）梨属（*Pyrus*）植物，是世界性重要经济果树，在仁果类中仅次于苹果。我国梨产量仅次于苹果和柑橘，名列全国水果第三位，居世界第一位，约占世界梨产量的71%。梨原产我国，《诗经》的《晨风篇》即有"山有苞棣"的记载，可见我国梨栽培至少已有2 500年的历史。根据2016年数据，全国22个省份有成规模的梨经济栽培，河北、山东、新疆、辽宁、河南、安徽、陕西、四川、山西、江苏、云南、湖北、重庆、甘肃、浙江、广西、贵州、福建等18个省份梨产量均在20万t以上，占全国梨产量的95.3%，各省份的梨产量和占比详见图3。

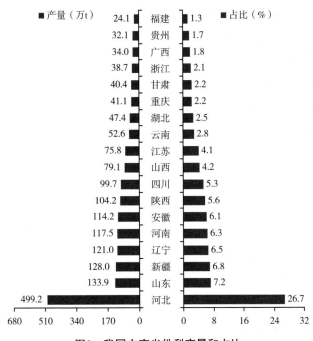

■产量（万t）

		占比（%）
24.1	福建	1.3
32.1	贵州	1.7
34.0	广西	1.8
38.7	浙江	2.1
40.4	甘肃	2.2
41.1	重庆	2.2
47.4	湖北	2.5
52.6	云南	2.8
75.8	江苏	4.1
79.1	山西	4.2
99.7	四川	5.3
104.2	陕西	5.6
114.2	安徽	6.1
117.5	河南	6.3
121.0	辽宁	6.5
128.0	新疆	6.8
133.9	山东	7.2
499.2	河北	26.7

图3 我国主产省份梨产量和占比

中国栽培的梨品种分属秋子梨、白梨、砂梨、新疆梨和西洋梨5个种。秋子梨（*Pyrus ussuriensis* Maxim）主要分布于东北，栽培较多的品种有京白梨、南果梨、香水梨、安梨等，果实黄色或黄绿色（有的阳面呈红色），肉质较粗，汁液多，有浓香，石细胞多，品质差，多数需经后熟变软方能食用。也有品质特别优良的品种，如辽宁鞍山的南果梨和京郊的京白梨，风味浓厚、品质极佳。白梨（*Pyrus bretschneideri* Rehd.）主要分布于华北、西北和辽宁南部，著名品种有鸭梨、茌梨、砀山酥梨、秋白梨等，果皮黄色或黄绿色，肉质细脆，汁多味甜，石细胞少，多无香气，不需后熟即可食用，品质较好。砂梨[*Pyrus pyrifolia*（Burm. f.）Nakai.]主要分布于长江以南各省，著名品种有苍溪雪梨、宝珠梨、严州雪梨等，果实褐色、黄色或绿色，质脆稍粗，汁多，石细胞较少，味甜，一般无香气，无需后熟即可食用。

新疆梨（*Pyrus sinkiangensis* Yu.）为西洋梨与白梨杂交形成的新种，分布于新疆、青海、甘肃等省份，栽培品种有库尔勒香梨、阿木特梨、花长把梨、贵德甜梨等。新疆梨有两种类型，一是绿梨品种群，属西洋梨性状，果形似洋梨，需后熟，不耐贮；二是长把品种群，属白梨性状，石细胞较少，不需后熟，耐贮。西洋梨（*Pyrus communis* L.）又称洋梨，喜冷凉干燥气候，华北、西北、辽南、黄河故道地区有栽培，常见品种有巴梨、伏茄梨、三季梨、日面红等，果皮红色、黄色或褐色，果实需经后熟变软方能食用，肉质细、柔软多汁、易溶于口、香味浓、风味极佳，多数品种石细胞极少，不耐贮藏。

6 我国桃产自哪里?

桃属蔷薇科（Rosaceae）李属（*Prunus*）桃亚属（*Amygdalus*）植物，是世界性的大宗果品，具有重要的经济价值。我国是桃的原产地，具有3 000多年的栽培历史，产量接近全球桃产量的60%。根据2016年数据，全国24个省份有成规模的桃经济栽培，山东、河北、河南、山西、湖北、陕西、安徽、江苏、辽宁、四川、浙江、北京、云南、广西、福建、甘肃、贵州、新疆、湖南等19个省份桃产量均在15万t以上，占全国桃产量的97.5%，各省份的桃产量和占比详见图4。

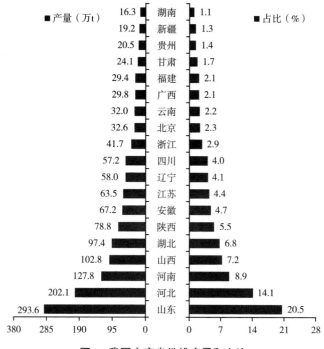

图4　我国主产省份桃产量和占比

按果实表面有无茸毛，桃分为普通桃和油桃2种类型，普通桃[*Prunus persica*（L.）Batsch.]有茸毛，而油桃无茸毛。油桃（*Prunus persica* var. *nectarina* Maxim.）是普通桃的一个变种，果实表面光滑无毛。按果实形状，桃分为扁平、扁圆、圆形、椭圆形、卵圆形、尖圆形6种类型，扁平果形为蟠桃所特有。蟠桃（*Prunus persica* var. *compressa* Bean）也是普通桃的一个变种，果实扁平，果顶处平或凹陷。按果肉颜色，桃分为白、黄、红3种类型。黄桃品种群果肉呈金黄色至橙黄色，其他品种群果肉多为白色，也有乳黄色或红色的，例如，白鹰嘴、白薄叶、传十郎等品种果肉乳黄色，红桃、大红袍、糙白桃等品种果肉红色或紫红色。

按果肉质地，桃分为溶质、不溶质、硬肉3种类型。溶质指果实硬熟时硬脆，成熟时果肉质地逐渐变软、多汁，果肉纤维较粗。溶质又分软溶质和硬溶质。软溶质指果实硬熟时硬脆，成熟时肉质柔软多汁，如上海水蜜、玉露水蜜、撒花红蟠桃等品种。硬溶质指果实硬熟时硬韧，进入完熟时变软，如白凤、大久保等品种。不溶质指果实成熟时果肉质韧、无脆感，成熟后有果汁、口感细韧、果肉纤维较细，完熟后仍有韧的感觉，如连黄、菲利甫、丰黄等品种。硬肉桃指果实硬熟和成熟时果肉硬而脆，完熟后果肉绵软、肉质疏松、无果汁或果汁很少，如五月鲜、象牙白、泸水桃等品种。

7 我国葡萄产自哪里?

葡萄属葡萄科（Vitaceae Juss.）葡萄属（*Vitis*）植物，是世界性的大宗果品，仅次于柑橘和苹果，居第三位；在我国，仅次于苹果、柑橘、梨和桃，居第五位。我国葡萄栽培最早可追溯到西汉时期，经过2 100多年的发展，现已形成"西北干旱、半干旱产区"、黄土高原产区、黄河故道产区、冀北产区、渤海湾产区、"华中、华东、华南产区"、西南产区、东北产区等八大产区。根据2016年数据，我国是世界第一大葡萄生产国，占全球葡萄产量的19.1%。全国27个省份有成规模的葡萄经济栽培，新疆、河北、山东、云南、浙江、辽宁、河南、陕西、江苏、广西、安徽、四川、甘肃、湖北、山西、贵州、宁夏、湖南、福建、吉林等20个省份葡萄产量均在15万t以上，占全国葡萄产量的95.5%，各省份的葡萄产量和占比详见图5。

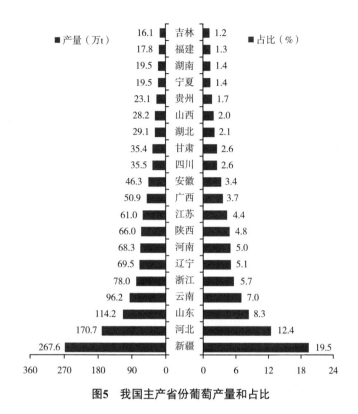

图5 我国主产省份葡萄产量和占比

葡萄通过长期自然选择和人工培育，形成了极其丰富的品种类型，据统计，全世界栽培的葡萄品种不下万个。为便于选择和利用，人们根据不同要求对葡萄栽培品种进行了分类，包括按用途分类、按果实成熟期分类、按种类亲缘关系分类、按生态地理起源和分布分类、按形态分类、按果实风味分类、按倍性分类等。这里仅介绍第一种分类方法——按用途分类。葡萄按用途可分为5类。

（1）鲜食葡萄　通常果穗大或中等，果粒整齐而不过于紧密，成熟一致，外形美观，风味酸甜适口，有些有芳香味，如巨峰、晚红、玫瑰香等。

（2）酿酒葡萄　通常果肉多汁，出汁率高，含糖量高，风味纯正。果实白色的可酿造白葡萄酒，如雷司令、霞多丽、贵人香、白玉霓等。果皮或果汁红色的可酿造红葡萄酒，如赤霞珠、黑比诺、梅鹿辄、品丽珠等。

（3）制干葡萄　通常含糖量高，含酸量低，果实硬脆，无核，如无核白、长无核白、无核紫等。有些肉脆、粒大的品种可制有核葡萄干，如牛奶、亚历山大、可口甘等。

（4）制汁葡萄　通常出汁率高，高糖，有香气，果汁颜色鲜艳，易于澄清，保存后风味不变，如康可、康拜尔、晚红蜜等。

（5）制罐葡萄　果大，肉厚，皮薄，汁少，种子小或无，有香味，如无核白、京早晶、白鸡心等。

8　怎样看待果实套袋？

果实套袋就是在果实发育期将果实套上专用果袋，以保护果实、提高外观品质和减少农药残留。该技术在梨、芒果、枇杷、苹果、葡萄、桃等果树生产上应用越来越多。果实套袋好处多多：①有效保护果实，防止病虫和机械伤害（如刺伤、划伤、枝磨、叶磨等）。②使果实底色淡、果皮细嫩、果点木栓化轻。③促进果实着色，使果实着色均匀、色泽鲜艳。④减少果锈和裂果，提高果面光洁度。⑤减少果实中农药残留。果实套袋之所以能降低果实农药残留，主要有两方面原因：一是果实套袋可起到物理隔绝作用，有效避免了果实与农药的直接接触，也就避免了果实对农药的吸收与吸附。二是果实套袋有效减少或避免了果部病虫害的发生与为害，因而套袋后无需再针对果实病虫害进行药剂防治，从而减少了打药次数和用药量。

果实套袋使用的果袋多为双层纸袋，也有使用单层纸袋和三层纸袋的。为降低成本，还有采用报纸袋、牛皮纸袋、塑膜袋的，但套袋效果往往不佳，不宜提倡。具体选用何种果袋，需根据果树种类和品种而定。套袋前果园应全面喷布一次杀虫、杀菌剂。套袋时间，多数果树在定果后，也可在主要病虫发生前。除袋时间，通常早、中熟品种在采收前10~20d，晚熟品种在采收前15~30d。为防止日烧和果面粗糙，除单层袋时，应先将袋底部撕成伞状，2~5d后再全部除去；除双层袋时，先去外袋，隔4~7d后再去内袋，内袋一般在晴天中午（10—16时）进行为好。不着色品种一般不除袋，带袋采收。为规范果实套袋技术，我国先后制定了《水果套袋技术规程　苹果》（NY/T 1505—2007）、《水果套袋技术规程　鲜食葡萄》（NY/T 1998—2011）、《水果套袋技术规程　柠檬》（NY/T 2314—2013）等农业行业标准。

值得注意的是，套袋后，果实处于一个特殊的微域环境，温度、光照、湿度等有利于某些病虫害的发生，应严加预防和防治。例如，套袋苹果应注意防治痘斑病、苦痘病、黑点病、红点病、水锈、水心病、缩果病、日烧等。套袋梨应注意防治黄粉虫、康氏粉蚧、梨木虱等虫害，以及缺硼症、缺钙症、黑点病、褐斑病、花斑病、日灼、蜡害、虎皮等病害。套袋葡萄应注意防治白腐病、灰霉病、康氏粉蚧等病虫害。与免套袋栽培相比，套袋还会使果实含糖量降低、风味变淡、贮藏性下降。为此，应尽早除袋，并通过摘叶转果、铺反光膜、增施有机肥等措施，克服套袋带来的不利影响。

9　农药是怎么分类的？

农药是指用于预防或控制危害农业、林业的病、虫、草、鼠和其他有害生物以及有目的地调节植物、昆虫生长的化学合成或来源于生物、其他天然物质的一种物质或者几种物质的混合物及其制剂。农药品种很多，为便于使用，需进行分类。农药分类方法较多，主要有3种，按主要用途分类、按来源分类和按化学结构分类。按主要用途，可分为杀虫剂、杀螨剂、杀鼠剂、杀软体动物剂、杀菌剂、杀线虫剂、除草剂、植物生长调节剂等。按来源，可分为化学合成农药、生物源农药和矿物源农药。按化学结构，可分为有机磷类、氨基甲酸酯类、拟除虫菊酯类、有机氮类、有机硫类、酰胺类、脲类、醚类、酚类、苯氧羧酸类、三氮苯类、二氮苯类、苯甲酸类、肟类、三唑类、杂环类、香豆素类、甲氧基丙烯酸类、有机金属化合物等。为避免误用农药，农药标签的底部有一条与农药类别有关的颜色标志带。各农药类别对应的颜色标志带见表1。农药种类的描述文字应当镶嵌在标志带上，色带颜色与文字形成明显反差。杀虫剂和杀鼠剂出现安全问题较多，用户一定要记住"红色杀虫蓝杀鼠"，避免误用农药。

表1 不同类别农药的特征颜色标志带

农药类别	颜色标志带
杀虫剂、杀螨剂、杀软体动物剂	红色
杀菌剂、杀线虫剂	黑色
除草剂	绿色
植物生长调节剂	深黄色
杀鼠剂	蓝色

需要说明的是，有的农药不止一种用途。有许多杀虫剂兼具杀螨作用，例如虫螨畏、丁醚脲、氟螨脲、联苯菊酯、螺甲螨酯等。

杀菌剂硫黄也有很好的杀螨活性。矿物油对害螨也有很好的杀灭作用。在按主要用途进行农药分类时，对于杀虫剂、杀菌剂、除草剂等，还可按作用方式进一步细分。例如，杀虫剂可分为胃毒性杀虫剂、触杀性杀虫剂、内吸性杀虫剂、熏蒸杀虫剂、昆虫特异性物质等。杀菌剂可分为保护性杀菌剂、治疗性杀菌剂、铲除性杀菌剂。除草剂按在植物体内移动情况可分为内吸型除草剂、触杀型除草剂、内吸触杀综合型除草剂；按作用方式分为选择性除草剂、灭生性除草剂。

除上述3种分类方法外，还可按剂型分类，共6类，原药、母药、固体制剂、液体制剂、种子处理剂和其他制剂。其中，固体制剂有11类——粉剂、可分散片剂、颗粒剂、可溶粉剂、可溶粒剂、可溶片剂、可湿性粉剂、片剂、乳粉剂、乳粒剂、水分散粒剂。液体制剂有15类——超低容量液剂、可分散液剂、可分散油悬浮剂、可溶胶剂、可溶液剂、乳油、水乳剂、微囊悬浮剂、微囊悬浮—水乳剂、微囊悬浮—悬浮剂、微囊悬浮—悬乳剂、微乳剂、悬浮剂、悬乳剂、油剂。种子处理剂有6类——悬浮种衣剂、种子处理干粉剂、种子处理可分散粉剂、种子处理乳剂、种子处理悬浮剂、种子处理液剂。其他制剂有11类——长效防蚊帐、电热蚊香片、电热蚊香液、饵剂、浓饵剂、气体制剂、驱蚊花露水、气雾剂、驱蚊液、蚊香、烟剂。

10 农药是怎么分级的?

按照农药急性毒性的半数致死量（LD_{50}）或半数致死浓度（LC_{50}）的大小将农药分为剧毒、高毒、中等毒、低毒、微毒5个级别，分别用"◆"标识和"剧毒"字样、"◆"标识和"高毒"

字样、"◈"标识和"中等毒"字样、"▨"标识、"微毒"字样标注，要求标识为黑色、描述文字为红色。原农业部《农药登记资料规定》将农药产品毒性分为Ⅰa级、Ⅰb级、Ⅱ级、Ⅲ级、Ⅳ级5级，并给出了各级的级别符号语、经口LD_{50}、经皮LD_{50}、LC_{50}、标识和标签描述（表2）。世界卫生组织（WHO）基于农药对大鼠的急性经口和经皮半数致死量（LD_{50}），将农药产品毒性分为剧毒（Ⅰa）、高毒（Ⅰb）、中等毒（Ⅱ）、低毒（Ⅲ）4个等级（表3），与我国农药分级相比，少了一个级别"微毒"。

表2　农药产品毒性分级及标识

毒性分级	级别符号语	经口LD_{50}（mg/kg）	经皮LD_{50}（mg/kg）	LC_{50}（mg/m³）	标识	标签上的描述
Ⅰa级	剧毒	≤5	≤20	≤20	◈	剧毒
Ⅰb级	高毒	>5~50	>20~200	>20~200	◈	高毒
Ⅱ级	中等毒	>50~500	>200~2 000	>200~2 000	◈	中等毒
Ⅲ级	低毒	>500~5 000	>2 000~5 000	>2 000~5 000	▨	
Ⅳ级	微毒	>5 000	>5 000	>5 000		微毒

表3　WHO农药产品毒性分级

毒性级别	大鼠经口LD_{50}（mg/kg体重）		大鼠经皮肤LD_{50}（mg/kg体重）	
	固体	液体	固体	液体
剧毒（Ⅰa）	<5	<20	<10	<40
高毒（Ⅰb）	5~50	20~200	10~100	40~400
中毒（Ⅱ）	50~500	200~2 000	100~1 000	400~4 000
低毒（Ⅲ）	>500	>2 000	>1 000	>4 000

急性毒性通常用半数致死量（LD_{50}）表示。LD_{50}是经口一次或24h内多次给予受试物后，能够引起动物死亡率为50%的受试物剂量，单位为每千克体重所摄入受试物的毫克数或克数，即mg/kg体重或g/kg体重。按LD_{50}大小将急性毒性分为极毒、剧毒、中等毒、低毒、实际无毒5级，各级的LD_{50}及相当于人的致死量见表4。从表4可见，LD_{50}越大表明受试物毒性越小。

表4　急性毒性（LD_{50}）剂量分级

毒性级别	大鼠口服LD_{50}（mg/kg体重）	相当于人的致死量	
		mg/kg体重	g/人
极毒	<1	稍尝	0.05
剧毒	1~50	500~4 000	0.5
中等毒	51~500	4 000~30 000	5
低毒	501~5 000	30 000~250 000	50
实际无毒	>5 000	250 000~500 000	500

11　果树为什么用农药?

人要吃饭，害虫也要繁殖。就像人不可能永远不生病一样，果树也会发生病害，这是大自然的法则。人生病后要看病吃药，果树发生病虫害后也要用药剂来控制。这些"农用药剂"就是"农药"。果树病虫害种类多、发生频繁、为害严重。据不完全统计，我国栽培的果树其病虫害通常都在10种以上，甚至多达数十种。果园发生病虫害后，如果对其放任不管，必将严重影响果树生长发育和果实产量品质，甚至造成绝产绝收。为保证果树的正常生长和栽培效益，病虫害防治就成为果品生产的重要环节。果树病虫害的防治应全面贯彻"预防为主，综合防治"的方针，合理地利用植物检疫、农业防治、生物防治、物理防治、化学防治等一切有效的手段，将果树主要病虫害控制在经济阈值以下，实现高产、优质、安全的目标。

在上述防治手段中，化学防治是果树除病毒性病害以外几乎所有病虫害均不可或缺的防治手段。原因在于，在多数情况下，仅采用农业防治、生物防治、物理防治等非化学手段，很难实现对病虫害的持续、有效控制，特别是病虫害发生严重时，必须采用化学防治的方法。化学防治即农药防治，就是使用化学合成的农药对病虫害进行防治，具有简便易行、快速高效、不受季节限制等诸多优点。果树病毒病防控不需要化学防治手段，原因是尚无有效药剂，只能通过脱病毒、培育和栽培无病毒苗木的方式来加以防控。果品不仅在生产中使用农药，在贮运过程中也可能使用农药，主要是杀菌剂，用于果品防腐保鲜。

12 哪些农药已被禁用？

为加强农药管理，提高我国农药使用水平，保障农业生产安全、农产品质量安全和生态环境安全，保护人民生命安全和健康，增强我国农产品的市场竞争力，促进我国农药工业结构调整和产业升级，自2002年以来，我国原农业部等有关部委先后发布了10项涉及果树禁用农药的公告，共禁止了58种（类）农药在果树上使用（表5）。这些农药之所以被禁用，各有其原因。

（1）八氯二丙醚为农药增效剂，在生产、使用过程中对人、畜安全具有较大风险和危害。

（2）百草枯对人类的危害十分严重，误食后会对呼吸系统和消化系统产生极大损害，并且没有特效的救治手段。

（3）丁硫克百威在环境中可通过羟基化和氧化反应代谢为克百威，继而转变为3-羟基克百威和3-酮基克百威，而3种代谢物的毒性远高于丁硫克百威。

（4）氟虫腈对水生生物剧毒、高风险，对蜜蜂危害大，在水和土壤中降解慢。

（5）福美肿和福美甲肿对农产品质量安全和生态环境具有潜在风险。

（6）乐果在动植物体内可通过增毒代谢迅速转化为高毒农药氧乐果。

（7）三氯杀螨醇生产的中间产物包括滴滴涕，而滴滴涕是持久性有机污染物。

（8）乙酰甲胺磷虽然是低毒农药，但其代谢物甲胺磷高毒。

（9）高毒、剧毒（其余29种农药）。

表5　我国果树上禁止使用的农药

公告号	禁用农药
第199号	艾氏剂、苯线磷、除草醚、滴滴涕、敌枯双、狄氏剂、地虫硫磷、毒杀芬、毒鼠硅、毒鼠强、对硫磷、二溴氯丙烷、二溴乙烷、氟乙酸钠、氟乙酰胺、甘氟、汞制剂、甲胺磷、甲拌磷、甲基对硫磷、甲基硫环磷、甲基异柳磷、久效磷、克百威、磷胺、硫环磷、六六六、氯唑磷、灭线磷、内吸磷、铅类、杀虫脒、砷类、特丁硫磷、涕灭威、蝇毒磷、治螟磷
第322号	对硫磷、甲胺磷、甲基对硫磷、久效磷、磷胺

（续表）

公告号	禁用农药
第747号	含八氯二丙醚的农药
第1157号	氟虫腈
第1586号	硫丹、硫线磷、灭多威、水胺硫磷、溴甲烷、氧乐果[1]、苯线磷、地虫硫磷、甲基硫环磷、磷化钙、磷化镁、磷化锌、硫线磷、特丁硫磷、蝇毒磷、治螟磷
第1745号	百草枯水剂
第2032号	福美胂、福美甲胂
第2289号	氯化苦、杀扑磷、溴甲烷[2]
第2445号	磷化铝[3]、三氯杀螨醇
第2552号	乐果、丁硫克百威、乙酰甲胺磷、含硫丹产品、含溴甲烷产品

注：1）禁止硫线磷、水胺硫磷、氧乐果在柑橘树上，灭多威在柑橘树、苹果树上，硫丹在苹果树上，溴甲烷在草莓上使用。2）禁止杀扑磷在柑橘树上使用；溴甲烷和氯化苦只能用于土壤熏蒸。3）除采用符合要求的内外双层包装的产品外，禁止使用其他产品。

13　怎样科学使用农药？

化学防治就是用化学农药防治病虫害。化学防治是目前果树生产中病虫害防治的主要措施。但化学防治必须科学、合理，否则既会影响防治效果，还可能影响到果品安全和环境安全。为确保防治效果、减少残留和环境污染，化学农药的使用应做到选药正确、用药科学。为增加药效、防止病虫害产生抗药性，提倡不同类型农药的交替使用和合理混用。

（1）正确选药　一是所选用的农药应为该果树上已登记的农药，优先选用高效、低毒、低残留农药，严禁使用剧毒、高毒、高残留农药和禁用农药。对于外销果品，应按照销售目的市场的要求进行生产，不能使用当地禁用的农药。二是尽可能选择专性杀虫杀菌剂、少使用广谱性农药，尽可能选择病虫杀灭率高、对天敌相对安全的农药种类，以免杀灭天敌和非靶标生物，破坏生态平衡。三是根据病虫种类和为害方式选择农药种类。防治咀嚼式口器害虫应选择胃毒作用的药剂，防治刺吸式害虫应选择内吸性强的药剂。

（2）适时用药　一是根据病虫预测预报和消长规律适时喷药，病虫为害在经济阈值以下时尽量不喷药。二是广谱保护剂适于在病害发生前使用，使果树的茎、叶、果表面建立起保护膜，防止病菌侵入。三是病害发生后，病菌已侵入植株体内，应改用内吸性杀菌剂或内吸性和保护性杀菌剂配合或混合使用，使其迅速传导、内吸到植株体内，杀死或抑制病菌，减轻为害。四是果树虫害防治一般在卵期、孵化盛期或低龄幼虫时施药，抓住发生初期，做到"治早、治小、治了"。五是果树病虫害药剂防治应抓住关键时期，效果好、事半功倍，而且农药用量大减。例如，防治葡萄炭疽病的关键期在落花前后和初夏，防治葡萄霜霉病的关键期在雨季，而防治葡萄白腐病的关键期是分生孢子大量发生传播时。

（3）规范用药　一是使用合格的农药产品，不使用假冒伪劣产品。二是按农药标签规定的使用范围、使用方法和剂量、使用技术要求和注意事项、安全间隔期等用药，不随意扩大使用范围，不随意提高用药浓度，不随意增加使用次数，以免增加病虫抗药性和农药残留风险。三是根据施药部位，准确用药，均匀周到。喷出的药液应尽量成雾状，重点部位应适当细喷，注意喷叶背面，无漏喷现象或未喷到的地方。四是尽可能选择果树安全阶段用药，以免发生药害。五是果品采后防腐保鲜尽可能采用物理方法，比如冷藏、气调贮藏、冷链运输等。如使用化学防腐保鲜剂，在使用方法、使用浓度、安全间隔期等方面均应规范、合规。

（4）合理混用　农药合理混用可提高防治效果，扩大防治对象，延缓病虫抗性，延长农药品种使用年限，降低防治成本。但农药混用技术性非常强，不能随意混合使用。如混合使用，应做到以下5点：一是严格按照农药使用说明书；二是混用的农药品种应有不同的作用方式和兼治不同的防治对象；三是农药品种类型一般不超过3种，已是混配制剂的农药（比如甲霜灵·锰锌）一般不主张再进行混用；四是先做混用试验，确定无异常现象和药害后，才在田间应用；五是执行正确的混用方法；六是现配现用。

（5）交替使用　农药的轮换、交替使用有两方面的考虑。一是阻止或减缓病虫抗药性的产生。需要注意的是，彼此有交互抗性的农药不能交替使用。例如，甲霜灵与恶霜灵之间、乙霉威与异菌脲之间均有交互抗性，因此，使用甲霜灵后不能再使用恶霜灵，使用乙霉威后不能再使用异菌脲，反之亦然。二是轮换用药可有效减少某一种化学农药的残留。长期频繁使用某一种农药极易导致高残留，甚至超标。

14　怎样合理使用农药？

所谓合理使用农药，就是在有效防治果树病、虫、草害的同时，确保果品中农药残留量不超过限量标准的规定，保护环境，保障农药使用人员的人体健康。为指导使用者合理、安全使用农药，我国从1987年开始制定和发布实施国家标准GB/T 8321《农药合理使用准则》，迄今已制定10个部分，并对早期制定的前5个部分进行了修订（表6）。标准规定了14种果品、233种农药产品的合理使用准则（附表2至附表9），包括剂型及含量、适用作物、防治对象、用量或稀释倍数、施药方法、每季作物最多使用次数、安全间隔期、实施要点说明和最大残留限量，涉及有效成分130种，包括58种杀虫剂（含杀螨剂和杀线虫剂）、56种杀菌剂、10种除草剂和6种植物生长调节剂。14种果品分别为菠萝、草莓、大枣、番木瓜、柑橘、梨、荔枝、苹果、葡萄、青梅、桃、甜瓜、西瓜、香蕉（表7），其中，柑橘和苹果涉及的农药产品最多，其次是葡萄和香蕉，荔枝、西瓜和梨涉及的农药产品也比较多，其余7种果品涉及的农产品均比较少。因篇幅所限，附表2至附表9中未列入最大残留限量信息，读者可查看标准原文。笔者以为农药残留限量应以GB 2763《食品安全国家标准　食品中农药最大残留限量》为准。

表6　农药合理使用准则国家标准

标准编号	标准名称
GB/T 8321.1—2000	农药合理使用准则（一）
GB/T 8321.2—2000	农药合理使用准则（二）
GB/T 8321.3—2000	农药合理使用准则（三）
GB/T 8321.4—2006	农药合理使用准则（四）
GB/T 8321.5—2006	农药合理使用准则（五）
GB/T 8321.6—2000	农药合理使用准则（六）
GB/T 8321.7—2002	农药合理使用准则（七）
GB/T 8321.8—2007	农药合理使用准则（八）
GB/T 8321.9—2009	农药合理使用准则（九）
GB/T 8321.10—2018	农药合理使用准则（十）

表7　GB/T 8321所涉果品的农药统计

作物	农药产品	杀虫剂	杀菌剂	除草剂	植调剂	有效成分
菠萝	1			1		1
草莓	6	1	5			5
大枣	1		1			1
番木瓜	1			1		1
柑橘	86	61	19	6		71
梨	14		14			12
荔枝	18	6	11		1	19
苹果	70	36	31	2	1	60
葡萄	22		19		3	22
青梅	1		1			1
桃	3	2	1			4
甜瓜	5		3		2	6
西瓜	17	1	14	1	1	18
香蕉	22		21	1		17

15　怎样进行农业防治？

果树病虫害农业防治主要有以下6个方面的措施。

（1）选用抗性品种　抗病虫品种病虫害发生轻，可减少农药使用。以苹果为例，MM系砧木抗苹果绵蚜，金冠、新乔纳金、津轻、王林和新红星抗苹果轮纹病，红玉很少发生斑点落叶病。

（2）合理规划栽植　定植密度应兼顾产量、通风透光、便于管理等因素。不与有共同病虫害的果树混栽。例如，苹果若与梨、桃等果树混栽，梨小食心虫、桃蛀螟等发生较重。

（3）加强肥水管理　肥水管理与果树病虫害发生关系密切。增施有机肥、少施氮肥可提高树体的营养水平和对病害的抵抗力，可抑制刺吸性害虫的发生和为害。

（4）合理整形修剪　夏剪时应注意改善树体通风透光条件，以减少病害蔓延发生。冬剪时注意剪除枝条上越冬的卵、幼虫、茧等，减轻翌年为害。

（5）实行果实套袋　果实套袋阻断了病虫传播到果实上的渠道，因而能有效防止或减少病虫害在果实上的发生与为害。套袋还可改善果面光洁度，对鸟害和冰雹也有防护作用。

（6）开展行间生草　果园行间生草不仅有利于土壤微生物活动、土壤养分供应和提高果品品质，也有利于果树病虫害防控。例如，行间生草可增加土壤覆盖，对于葡萄霜霉病、白腐病等病害，能干扰其侵染循环。行间生草还能为昆虫提供庇护场所，有利于天敌的生存。

16　怎样进行物理防治？

果树病虫害物理防治主要有以下5个方面的措施。

（1）适时清洁果园　秋末冬初彻底清扫落叶、病果和杂草，摘除僵果，集中烧毁或深埋，消灭在其中越冬的病虫。冬剪时剪除病虫枝。早春，刮除老粗皮、翘皮和裂缝，集中深埋或烧毁，消灭在其中越冬的害虫。果树靠近地面主干上的翘皮内天敌数量较多，应少刮或不刮。生长季节及时摘除、清理病虫果，集中深埋销毁。

（2）利用越冬习性　利用害虫（如二斑叶螨、山楂叶螨、梨小食心虫、梨星毛虫等）在树皮裂缝中越冬的习性，树干上捆绑草把、破布、废报纸等，诱集害虫越冬，在翌年害虫出蛰前集中消灭。

（3）利用害虫趋性　鳞翅目的蛾类、同翅目的蝉类、鞘翅目的金龟子等均有较强的趋光性。果园可设置黑光灯或杀虫灯进行诱杀。醋蝇、金龟子、卷叶蛾、梨小食心虫等对糖醋液有明显的趋性，可配糖醋液诱杀。

（4）架防鸟防雹网　果园架设防鸟网可防止鸟类进入、为害。在雹灾频发地区，果园架设防雹网可防止冰雹对树体和果实的伤害。

（5）采取其他措施　如色板诱蚜、银灰色薄膜避蚜、黏虫板、树干涂白等。树干涂白可防日烧、冻裂，延迟萌芽和开花期，并兼治枝干病虫害。

17　怎样进行生物防治？

果树病虫害生物防治主要有以下4个方面的措施。

（1）利用害虫天敌　利用农田或果园生态系中的天敌，或者释放天敌，可防治某些果树虫害。例如，用金小蜂、赤眼蜂等寄生性天敌防治葡萄害虫，释放捕食性蓟马防治葡萄蓟马，果园养鸡防治害虫。

（2）使用生物农药　可用浏阳霉素乳油防治苹果害螨，用苏云金杆菌、Bt乳剂、青虫菌6号防治桃小食心虫，用灭幼脲1号和灭幼脲3号防治葡萄虎蛾、星毛虫、斜纹夜蛾等鳞翅目害虫，用多氧霉素防治苹果斑点落叶病和褐斑病，用农抗120防治果树腐烂病。

（3）拮抗菌的利用　拮抗微生物是指分泌抗生素的微生物，主要是放线菌，其次是真菌和细菌。利用拮抗微生物可防治某些葡萄病害。例如，用哈氏木霉（*Trichoclerma harzianum*）孢子悬浮液防治灰霉病，用武夷菌素防治葡萄真菌病害，用芽孢杆菌防治葡萄灰霉病、白粉病等。

（4）利用昆虫激素　利用性外激素对桃小食心虫、金纹细蛾、苹果蠹蛾、梨小食心虫等害虫进行发生期监测、捕杀和干扰交配。利用蜕皮激素、保幼激素干扰鳞翅目害虫蜕皮过程。

18　果树能用调节剂吗？

调节剂是植物生长调节剂的简称。按照我国《农药管理条例》，植物生长调节剂属于农药范畴。因此，植物生长调节剂作为农药加以管理。只有取得农药登记并获得生产许可的植物生长调节剂产品，才能生产、经营和使用。生产经营的植物生长调节剂，其包装上应印制或贴有标签。标签应以中文标注名称、剂型、有效成分及其含量、毒性及其标识、使用范围、使用方法和剂量、使用技术要求和注意事项、生产日期、可追溯电子信息码等内容。

按照登记批准的标签上标明的作物、用途、剂量、时期、方法等使用，植物生长调节剂不会对果树和人体健康产生危害。据统计，目前我国已在菠萝、柑橘、梨、荔枝、龙眼、芒果、猕猴桃、枇杷、苹果、葡萄、沙棘、柿子、香蕉、枣等14种果树以及西瓜、甜瓜上登记了植物生长调节剂产品，涉及赤霉酸、单氰胺、多效唑、复硝酚钠、氯吡脲、萘乙酸、噻苯隆、烯效唑、乙烯利、吲哚丁酸、6-苄氨基嘌呤、14-羟基芸薹素甾醇、24-表芸薹素内酯、28-表高芸薹素内酯等14种植物生产调节剂（附表10），其中，复硝酚钠的化学组成包括邻硝基苯酚钠、对硝基苯酚钠和5-硝基邻甲氧基苯酚钠。

这些植物生长调节剂多数情况下是单独使用的，也有两种植物生长调节剂配合使用的。例如，赤霉酸+6-苄氨基嘌呤，赤霉酸+28表高芸薹素内酯，赤霉酸+14-羟基芸薹素甾醇，氯吡脲+赤霉酸，萘乙酸+吲哚丁酸，噻苯隆+24-表芸薹素内酯，噻苯隆+赤霉素。植物生长调节剂还可和杀菌剂配合使用，例如萘乙酸和+甲基硫菌灵防治苹果树腐烂病。

植物生长调节剂的用途主要是调节生长和增产，其他的用途还有：①促花保果，如荔枝上使用复硝酚钠。②促进果实生长，如柑橘和梨上使用赤霉酸，葡萄和枣上使用噻苯隆。③促进果实增大，如菠萝和柑橘上使用赤霉酸。④催熟，如香蕉和柿子上使用乙烯利。⑤防治腐烂病，如苹果上使用萘乙酸+甲基硫菌灵。⑥防落果，如苹果上使用萘乙酸。⑦控梢，如柑橘上使用烯效唑，荔枝、龙眼和芒果上使用多效唑。⑧调节果形，如苹果上使用赤霉酸+6-苄氨基嘌呤。⑨无核，如葡萄上使用赤霉酸。⑩早熟，如梨上使用赤霉酸。⑪提高坐果率，如葡萄、枣上使用赤霉酸+6-苄氨基嘌呤。⑫提高坐瓜率，如西瓜上使用氯吡脲、甜瓜上使用噻苯隆。⑬提高成活率，如沙棘和葡萄插条上使用萘乙酸+吲哚丁酸，葡萄插条上使用萘乙酸。

关于植物生长调节剂的使用方式，多数为喷雾，浸果、浸瓜胎和涂抹果柄也较多，还有浸插条、土壤沟施、浇灌和熏蒸的。具体采用何种方式，主要看用途、使用时期和使用浓度。总体来看，植物生长调节剂大多在水果采收前的生长过程中使用，而且使用浓度普遍很低。因此，即使用了植物生长调节剂，成熟、上市的果实中也少有甚至没有残留。即使有残留，只要残留量不超过最大残留限量，都是安全的。根据《食品安全国家标准　食品中农药最大残留限量》（GB 2763—2019），目前，我国制定有果品及其制品中单氰胺、多效唑、复硝酚钠、氯吡脲、萘乙酸、萘乙酸钠、噻苯隆、乙烯利8种植物生长调节剂的最大残留限量（表8）。

表8　我国果品及其制品中植物生长调节剂最大残留限量

农药	产品	最大残留限量（mg/kg）
单氰胺	葡萄	0.05*
多效唑	荔枝	0.5
	芒果	0.05
	苹果	0.5
复硝酚钠	橙	0.1*
	柑	0.1*
	橘	0.1*
氯吡脲	橙	0.05
	猕猴桃	0.05
	枇杷	0.05
	葡萄	0.05
	西瓜	0.1
	甜瓜类水果	0.1
萘乙酸和萘乙酸钠	橙	0.05
	柑	0.05
	橘	0.05
	荔枝	0.05
	苹果	0.1
	葡萄	0.1

（续表）

农药	产品	最大残留限量（mg/kg）
噻苯隆	苹果	0.05
	葡萄	0.05
	甜瓜类水果	0.05
乙烯利	菠萝	2
	哈密瓜	1
	核桃	0.5
	蓝莓	20
	荔枝	2
	芒果	2
	猕猴桃	2
	苹果	5
	葡萄	1
	葡萄干	5
	柿子	30
	干制无花果	10
	无花果蜜饯	10
	香蕉	2
	樱桃	10
	榛子	0.2

注：标*的为临时限量值。

19 重金属污染怎么防？

重金属污染对果园的危害包括对土壤的危害、对果树的危害和导致果实重金属含量异常（即对人体的危害）。土壤中重金属元素的过度积累将使土壤结构和理化性能受到破坏。重金属污染对果树的危害主要反映在以下3个方面。一是高浓度重金属对果树的毒害作用。二是重金属影响果树对营养元素的正常吸收。一个最典型的例子就是，当土壤中镉、镍、铜等重金属元素过量时，果树对必需元素锌的吸收就会受到抑制，甚至导致缺锌，出现小叶病。三是树体内过量的重金属元素将破坏某些生理代谢的内环境，引起蛋白质变性和酶活性降低（甚至完全失活）。果园重金属污染的控制可从以下5个方面着手。

（1）产地环境合格　果园应选择远离工矿企业和交通干线的地方建园，尤其不能将果园建在污染源的下风口和污染水源的下游，以防工业"三废"排放和交通运输给果园带来重金属污染。果园的土壤环境质量、灌溉水水质和环境空气质量应达到有关标准的要求。我国制定有强制性国家标准《土壤环境质量　农用地土壤污染风险管控标准（试行）》（GB 15618—2018）、《农田灌溉水质标准》（GB 5084—2005）和《环境空气质量标准》（GB 3095—2012），对果园土壤污染风险控制、灌溉水水质和环境空气质量都做出了明确规定，应将其作为果园选址和环境监测的重要依据。

（2）合理使用肥料　不合格肥料的施用是造成果园重金属污染的又一重要原因。应加强肥料质量监管，严禁重金属含量超标肥料销售和使用。对于果品生产者，应购买和使用登记或免予登记且质量合格的肥料产品。我国制定了一系列国家标准、农业行业标准、轻工业行业标准和化工行业标准，设定了肥料中砷、镉、铅、铬、汞5种重金属的限量。这些标准对保护果园土壤环境、维护生态平衡、控制有害元素影响、提高果品质量安全水平、保障人体健康、促进果业健康发展，具有重要的现实意义，在肥料监管、购销和使用中可资利用。一些养殖场在饲料中添加了铜、锌、砷等重金属，造成厩肥和畜禽粪便重金属含量偏高。果园应避免施用这样的农家肥，以免对果园造成重金属污染。农用污泥的使用应符合《农用污泥污染物控制标准》（GB 4284—2018）的要求。

（3）合理使用农药农膜　金属制剂农药的使用势必引起土壤金属元素含量升高。金属制剂农药主要有汞制剂、铅制剂、砷制剂、铜制剂和锌制剂。目前，汞制剂、铅制剂和砷制剂已基本被淘汰，而铜制剂和锌制剂的使用仍然非常普遍。其中，铜制剂主要有波尔多液、碱式硫酸铜、氧化亚铜、硫·酮·多菌灵、氢氧化铜等，锌制剂主要有代森锰锌、代森锌、福美锌等。特别是波尔多液和代森锰锌，是当前我国果树生产中使用最为普遍的杀菌剂。为防止金属制剂农药使用对果园造成重金属污染，在果树病害防治过程中，应科学合理地使用金属制剂农药，通过适时喷药、交替用药、合理混用等措施，尽量减少用药量和喷药次数，从而减少重金属对果园环境和果品质量安全的不利影响。另外，农用塑料薄膜因生产中使用热稳定剂等而含有重金属，果园使用塑料大棚和地膜后，应及时回收处理，以减轻对果园环境的污染。

（4）果实套袋和清洗　果实套袋不仅具有保护果面免受污染、促进着色、改善果实光洁度、减少裂果、保持果粉完整性等优点，还能明显降低果品中的农药残留量，已成为梨、芒果、枇杷、苹果、葡萄、桃等许多果品安全生产的有效技术措施。果实套袋可对果实起到物理隔绝作用，避免了果实与农药、叶面肥和大气沉降的直接接触，也就切断了重金属通过这些途径对果品的污染。值得注意的是，果实套袋也会影响果品品质（外观、内质、耐贮性等），需采取配套措施减轻或避免不利影响。以苹果为例，应尽早除袋，红色品种最好在除袋后采取摘叶转果、铺反光膜等措施促进果实着色。水果食用前清洗能够清除因大气沉降而附着在果实表面的尘埃和重金属，以及残存于果面的农药。

（5）治理土壤重金属污染　果园土壤一旦被重金属污染就很难去除，再加上除菠萝、草莓、番木瓜、火龙果、香蕉、西甜瓜等少数水果外，果树均为多年生木本或藤本植物，使得被污土壤治理起来非常困难，而且费工费时。因此，果园土壤重金属污染的防治应坚持"预防为主"的方针，重在控制和消除污染源。对于已经污染的土壤，应采取有效措施，消除土壤中的重金属或者控制其迁移转化方向。重金属污染的治理就是采取多种措施削弱重金属元素在土壤中的活性和生物毒性，主要有客土、排土、化学改良、生物改良、增施有机肥等。受污染的果园选用何种治理措施应根据污染种类、污染程度、土壤特性、气候条件、果树生产技术、经济水平等统筹考虑。

20　毒素污染怎么控制?

毒素是真菌毒素的简称。污染果品的真菌毒素主要有展青霉素、黄曲霉毒素、链格孢霉毒素和赭曲霉毒素A。

（1）展青霉素　果品中的展青霉素主要由扩展青霉产生。该菌为害成熟或接近成熟的果实，病斑黄白色、近圆形，果肉腐烂呈锥状湿腐；空气潮湿时，病斑表面产生小瘤状霉丛，初为白色，后变青绿色。除扩展青霉外，产生展青霉素的霉菌还有展青霉、棒状青霉、新西兰青霉、石状青霉、粒状青霉、圆弧青霉等。

（2）黄曲霉毒素　黄曲霉毒素主要由黄曲霉菌和寄生曲霉菌产生，青霉、毛霉、链孢霉、根霉、链霉菌等也能产生黄曲霉毒素。不良贮藏条件，如不适宜的温湿度，是果品遭受黄曲霉毒素污染的主要原因，同时生长期的干旱胁迫也是可能原因。

（3）链格孢霉毒素 链格孢霉毒素由链格孢菌产生。互隔交链孢霉是最主要的链格孢霉毒素产生菌。果品营养丰富，易被链格孢菌侵染，受侵染后，如遇低温潮湿环境，链格孢菌大量生长繁殖，引起果品腐败，产生多种链格孢霉毒素。

（4）赭曲霉毒素A 赭曲霉毒素A是曲霉属和青霉属真菌，特别是疣孢青霉菌、赭曲霉和炭黑曲霉的有毒代谢产物。赭曲霉是热带地区农作物中赭曲霉毒素A的主要产生菌。疣孢青霉则只发生在寒冷地区和温带地区。炭黑曲霉为腐物寄生菌，当果品因物理、化学、微生物侵袭等原因导致外表受损伤时，会进入果品内部生长繁殖并产生赭曲霉毒素A。

果品为鲜活农产品，一旦污染真菌毒素，很难被消减。因此，控制果品真菌毒素污染关键在于控制真菌病害的侵染与发生：①使用杀菌剂进行化学防治。②摘除和销毁病果、僵果、病叶。③加强整形修剪，确保树冠通风透光。④进行果实套袋，减轻果实病害发生。⑤合理灌水、及时排水（多雨地区可进行保护地栽培），避免园内湿度过大、病害发生严重。⑥果园内农事操作和采后贮运过程中应尽量减少或避免对果实造成机械损伤，以降低真菌侵染、为害几率，例如整形修剪、果实管理、施肥、灌水、打药等操作应避免伤及果实，果品采摘与搬运要文明操作、小心装卸、轻拿轻放，果品运输要快速、平稳。⑦对贮藏库和运输工具进行消毒灭菌处理。⑧果品贮运过程中注意温、湿度控制，及时剔除病果、烂果。

21 食品添加剂怎么用？

在果品采后处理过程中，为维持果品的新鲜度和品质，除采用低温冷藏、气调贮藏等物理方法外，还可能使用被膜剂、抗结剂、防腐剂、漂白剂、抗氧化剂、乳化剂等食品添加剂。例如，在我国葡萄防腐保鲜中，二氧化硫、焦亚硫酸盐、亚硫酸盐等防腐剂的使用就比较普遍。果品使用食品添加剂后，食品添加剂或其降解代谢产物极有可能残存于果品表面或果品中，形成残留。但只要使用量和使用方法得当，就不会对消费者带来安全风险。目前，果品上使用的食品添加剂大多用于果品表面处理。

在《食品安全国家标准　食品添加剂使用标准》（GB 2760—2014）规定可用于果品的33种食品添加剂中，有30种食品添加剂用于新鲜水果表面处理（附表11）。这些食品添加剂分属被膜剂、抗结剂、防腐剂、漂白剂、抗氧化剂和乳化剂。有的添加剂有多种功能，例如，二氧化硫既是漂白剂和防腐剂，也是抗氧化剂；山梨酸及其钾盐既是防腐剂，也是抗氧化剂。每类食品添加剂都有其特定功能。被膜剂涂抹于食品外表，起保质、保鲜、上光、防止水分蒸发等作用；抗结剂用于防止颗粒或粉状食品聚集结块，保持其松散或自由流动；防腐剂防止食品腐败变质、延长贮藏期；漂白剂破坏、抑制食品的发色因素，使其褪色或免于褐变；抗氧化剂防止或延缓食品变质、成分氧化分解；乳化剂能改善乳化体中各种构成相之间的表面张力，形成均匀分散体或乳化体。

需要注意的是，同一功能的食品添加剂在混合使用时，应对使用量进行有效控制，即各自用量占其最大使用量的比例之和不应超过1。例如，稳定态二氧化氯、ε-聚赖氨酸盐酸盐和2,4-二氯苯氧乙酸均为防腐剂，三者混合使用时，若使用量分别为0.005g/kg、0.21g/kg和0.003g/kg，则各自占其最大使用量的比例分别为0.5（0.005/0.01）、0.7（0.21/0.3）和0.3（0.003/0.01），其和为1.5，超过了1，不符合规定要求。

22 反季节水果怎么样？

反季节水果是相对应季水果、当季水果而言的。反季节水果有3类，长期保存的水果、设施栽培的水果和异地种植的水果。长期保存的水果就是"应季"水果采收后经过较长一段时间的贮藏后再进行销售，例如富士等晚熟品种苹果，采取适宜的贮藏技术，可以实现周年供应。异地种植的水果也不难理解，在某地区是应季的水果，在这个季节不产这种水果的地区就成了反季节水果。大家关注多的反季节水果通常是第二类——设施栽培的水果。

设施栽培的水果就是通过特殊的设施和技术进行促成栽培或延迟栽培，从而提早或延迟成熟、上市的水果。例如，日光温室葡萄、桃的成熟上市期一般比露地同品种提早40~60d，塑料大棚一般提前20~30d。采用延迟栽培，牛奶葡萄可延迟采收20d左右，桃果实成熟期可延迟30~40d。目前，我国反季节水果生产以促成栽培为主，果树种类主要有草莓、番木瓜、柑橘、蓝莓、李子、枇杷、葡萄、桃、无花果、杏、樱桃、枣等。所用设施以塑料薄膜日光温室、玻璃日光温室和塑料大棚为主。

通常，第二类反季节水果大多是早熟品种，果实生育期短、营养物质积累相对较少，因而内在品质大多不如正常成熟上市的水果，主要表现为果个偏小，可溶性固形物含量降低，风味变淡，质地和色泽较差，耐贮性下降。因此，建议尽可能吃时令水果，反季节水果不宜多吃，而且购买后应尽快食用，如果放置时间过长，容易腐烂、变质。另外，促成栽培的反季节水果，由于果实发育期相对较短，农药施用距离果实采收的时间也较短，因此，食用前最好进行必要的清洗。

23　怎样看待水果催熟？

水果催熟是指采用人工方法促进水果成熟。一些果树的果实成熟期很不一致，有的甚至不能在采前正常成熟。对于这样的水果，为了保证水果商品性（外观品质和食用品质），通常在销售前，需要进行人工催熟。如香蕉，采收时果实呈绿色，食用组织坚硬，富含淀粉，不能马上食用。水果催熟措施主要包括乙烯催熟、乙烯利催熟、乙炔催熟等。不同种类的水果，催熟条件（如温度、湿度、催熟剂浓度）不同，应予严格控制，尤其是催熟剂浓度。

水果达到完全成熟后，容易变质，甚至腐烂，难以经受长途运输和长期贮藏。因此，用于长途运输和长期贮藏的水果，往往需要在其尚未完全成熟时采摘。香蕉、猕猴桃、芒果等成熟后容易变软的水果，往往在未完全成熟时采摘，运抵目的地后再用催熟剂催熟。鳄梨、芒果、猕猴桃、秋子梨、柿子、西洋梨、香蕉等水果采后不能马上食用，需要后熟，而催熟可缩短其达到充分成熟的时间。还有一种做法就是，为提早上市，在水果未成熟时采摘，然后通过催熟促其成熟，这种做法不值得提倡。

我国水果上使用的催熟剂主要是乙烯利。乙烯利属于植物生长调节剂，是我国目前唯一在水果上登记的催熟剂。乙烯利为低毒化学制剂，被水果吸收后分解形成乙烯。乙烯是天然植物激素，其催熟过程是一种植物生理生化反应，不会产生对人体有害的物质。只要乙烯利残留量符合国家标准要求，催熟的水果都是安全的，尽可放心食用。《食品安全国家标准　食品中农药最大残留限量》（GB 2763—2019）制定有菠萝、哈密瓜、核桃等16种果品及制品中乙烯利的最大残留限量（表9），可资利用。

有人担心食用催熟水果会使儿童性早熟。这种担心是没必要

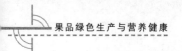

的。水果催熟剂（如乙烯、乙烯利、乙炔等）均属植物生长调节剂，而植物生长调节剂和动物激素是完全不同的两类物质。儿童性成熟受体内性激素的调节。水果催熟剂在人体内既不表现性激素作用，也不参与性激素的合成，不可能引起儿童性早熟。总之，不能将植物生长调节剂和动物激素混为一谈。

表9 我国果品及其制品中乙烯利最大残留限量

产品	最大残留限量（mg/kg）	产品	最大残留限量（mg/kg）
菠萝	2	苹果	5
干制无花果	10	葡萄	1
哈密瓜	1	葡萄干	5
核桃	0.5	柿子	30
蓝莓	20	无花果蜜饯	10
荔枝	2	香蕉	2
芒果	2	樱桃	10
猕猴桃	2	榛子	0.2

24 怎样看待水果打蜡?

水果上的蜡有两个来源，一是水果自身分泌的（比如苹果、梨、山楂等），二是打蜡涂布上去的。所谓水果打蜡，就是在水果表皮上涂布极薄的一层蜡液。水果属于易腐食用农产品，成熟采摘后，在长途运输、长期贮藏和销售过程中，新鲜度和品质会发生变化，出现诸如失水、萎蔫、皱缩、衰老等问题。为保鲜和改善外观品质，柑橘、梨、李子、苹果、油桃等水果可进行打蜡处理。水果打蜡具有诸多好处：①增加果面光泽度，改善外观。②适当地堵塞果皮上的气孔、皮孔等开孔，减少失水，防止果实因水分蒸发引起皱缩、萎蔫。③减少与空气的接触，抑制果实的呼吸作用，减缓养分损失和衰老。④减轻果实表皮机械损伤。⑤减少病菌的侵染，减少果实腐烂。

果蜡属被膜剂，涂抹于新鲜水果外表。工业蜡成分复杂，且可能含有汞、铅等对消费者健康不利的物质。因此，水果打蜡必需使用食品级蜡，如巴西棕榈蜡、聚二甲基硅氧烷、吗啉脂肪酸盐、松香季戊四醇酯、紫胶等。只要使用的是食品级蜡，且未过量使用，则食用打蜡水果不会有害健康。凡国家允许使用，且符合相关标准要求的果蜡，消费者尽可放心。《食品安全国家标准　食品添加剂使用标准》（GB 2760—2014）规定，巴西棕榈蜡等5种食品添加剂可作为被膜剂用于新鲜水果，其使用要求见表10。需要注意的是，果蜡不是营养物质，食用打蜡水果时不宜将果蜡也吃下去。对于皮不可食水果，果蜡可连同果皮一起去除。对于皮可食水果，将其放入温水中浸泡数分钟，然后用棉质毛巾或百洁布轻轻擦洗果皮，即可将果蜡清除。

表10　5种被膜剂在新鲜水果上的使用要求

被膜剂	水果	最大使用量
巴西棕榈蜡	表面处理的新鲜水果	0.000 4g/kg（以残留量计）
聚二甲基硅氧烷及其乳液	表面处理的新鲜水果	0.000 9g/kg
吗啉脂肪酸盐	表面处理的新鲜水果	按生产需要适量使用
松香季戊四醇酯	表面处理的新鲜水果	0.09g/kg
紫胶	表面处理的柑橘类	0.5g/kg
	表面处理的苹果	0.4g/kg

25　农药残留是指什么？

农药残留是指由于使用农药而在食品、农产品和动物饲料中出现的任何特定物质，包括被认为具有毒理学意义的农药衍生物，如农药转化物、代谢物、反应产物、杂质等。对于绝大多数农药，其在果品中的残留物就是该农药本身，例如百菌清、苯丁锡、吡虫啉等。也有不少农药，其在果品中的残留物除该农药本身外，还包括转化物、代谢物、反应产物、杂质等。例如，2,4-滴异辛酯的残留物为2,4-滴异辛酯和2,4-滴倍硫磷的残留物包括倍硫磷及其氧类似物（亚砜、砜化合物），螺虫乙酯的残留物包括螺虫乙酯及其烯醇类代谢产物。据统计，在我国制定了果品中残留限量的270余种农药中，接近80%的农药其残留物就是该农药本身；其余近20%的农药其残留物既包括该农药本身，也包括其转化物、代谢物、反应产物、杂质等。

26　农残限量是指什么？

农残限量是农药残留限量的简称。通常所说的农药残留限量是指农药最大残留限量（MRL）。农药最大残留限量是指在食品或农产品内部或表面法定允许的农药最大浓度，以每千克果品中农药残留的毫克数表示（mg/kg）。农药最大残留限量由农药残留限量标准设定。果品的农药残留测定部位界定了农药最大残留限量的应用范围。根据《食品安全国家标准　食品中农药最大残留限量》（GB 2763—2019），不同类别的果品，其农药残留测定部位不尽一致，常见果品的农药残留测定部位详见附表12。在果品农药残留测定中，应取该标准规定的部位进行农药残留测定。只有这样，农药残留测定结果才能与该标准制定的农药最大残留限量进行比较，从而确定测得的农药残留量是否超过了该标准规定的最大残留限量。

我国农药残留限量标准最早可追溯到《粮食、蔬菜等食品中六六六、滴滴涕残留标准》（GB 2763—1981），甚至更早的GBn 53—1977。经过40余年的发展，至2012年，《食品安全国家标准　食品中农药最大残留限量》（GB 2763—2012）成为我国唯一的农药残留限量标准（附图1）。该标准经过2014年和2016年两次修订，现行版本为《食品安全国家标准　食品中农药最大残留限量》（GB 2763—2016）。2018年，我国又发布了《食品安全国家标准食品中百草枯等43种农药最大残留限量》（GB 2763.1—2018），对GB 2763—2016进行了增补。2019年发布了GB 2763—2019，代替了GB 2763—2016和GB 2763.1—2018。GB 2763—2019制定了果品及其制品中农药最大残留限量2 050项（含367项临时限量和55项再残留限量），涉及277种农药，包括113种杀虫剂、102种杀菌剂、18种杀螨剂、27种除草剂、8种植物生长调节剂、3种杀虫/杀螨剂、2种杀线虫剂、2种熏蒸剂、1种杀软体动物剂和1种增效剂。

27 什么是再残留限量？

再残留限量（EMRL），是指一些持久性农药虽已禁用，但还长期存在于环境中，从而再次在食品中形成残留，为控制这类农药残留物对食品的污染而制定的其在食品中的残留限量，以每千克食品或农产品中农药残留的毫克数表示（mg/kg）。根据《食品安全国家标准 食品中农药最大残留限量》（GB 2763—2019），我国制定了果品中艾氏剂、滴滴涕、狄氏剂、毒杀芬、六六六、氯丹、灭蚁灵、七氯、异狄氏剂等9种农药的再残留限量。这9种农药均属持久性农药，而且在我国均已禁用。再如国外，在苹果上，越南和国际食品法典委员会（CAC）均制定了艾氏剂和狄氏剂的再残留限量，印度制定了艾氏剂、安硫磷、倍硫磷、敌菌丹、滴滴涕、狄氏剂、二嗪磷、福美铁、甲基对硫磷、克百威、林丹、磷胺、氯丹、七氯、灭多威、杀螟硫磷、涕灭威、西玛津、乙基对硫磷等19种农药的再残留限量，泰国制定了艾氏剂、狄氏剂、滴滴涕、氯丹、七氯、异狄氏剂等6种农药的再残留限量。

28 农药都需定限量吗？

一种农药是否需要制定最大残留限量取决于其是否会对人体健康造成损害。不会对人体健康造成损害的农药不需制定最大残留限量。在我国，根据《食品安全国家标准 食品中农药最大残留限量》（GB 2763—2019），苏云金杆菌、荧光假单胞杆菌、枯草芽孢杆菌等44种农药均豁免制定最大残留限量（表11）。不同国家、地区和组织其豁免制定最大残留限量的农药种类不尽一致，根据《世界苹果农药残留限量研究》（聂继云，2020），美国豁免制定最大残留限量的物质超过200种，欧盟豁免制定最大残留限量的物质有126种，日本豁免制定最大残留限量的物质有73种，中国香港豁免制定最大残留限量的物质有78种。

表11　中国豁免制定最大残留限量的农药

中文通用名称	拉丁学名或英文通用名称
苏云金杆菌	*Bacillus thuringiensis*
荧光假单胞杆菌	*Pseudomonas fluorescens*
枯草芽孢杆菌	*Bacillus subtilis*
蜡质芽孢杆菌	*Bacillus cereus*
地衣芽孢杆菌	*Bacillus lincheniformis*
短稳杆菌	*Empedobacter brevis*
多粘类芽孢杆菌	*Paenibacillus polymyza*
放射土壤杆菌	*Agrobacterium radibacter*
木霉菌	*Trichoderma* spp.
白僵菌	*Beauveria* spp.
淡紫拟青霉	*Paecilomyces lilacinus*
厚孢轮枝菌（厚垣轮枝孢菌）	*Verticillium chlamydosporium*
耳霉菌	*Conidioblous thromboides*
绿僵菌	*Metarhizium* spp.
寡雄腐霉菌	*Pythium oligandrum*
菜青虫颗粒体病毒	*Pieris rapae* granulosis virus（PrGV）
茶尺蠖核型多角体病毒	*Ectropis oblique* nuclear polyhedrosis virus（EoNPV）
松毛虫质型多角体病毒	*Dendrolimus punctatus* cytoplasmic polyhedrosis virus（DpCPV）
甜菜夜蛾核型多角体病毒	*Spodoptera exigua* nuclear polyhedrosis virus（SeNPV）
粘虫颗粒体病毒	*Pseudaletia unipuncta* granulosis virus（PuGV）

（续表）

中文通用名称	拉丁学名或英文通用名称
小菜蛾颗粒体病毒	*Plutella xylostella* granulosis virus（PxGV）
斜纹夜蛾核型多角体病毒	*Spodoptera litura* nuclear polyhedrosis virus（SlNPV）
棉铃虫核型多角体病毒	*Helicoverpa armigera* nuclear polyhedrosis virus（HaNPV）
苜蓿银纹夜蛾核型多角体病毒	*Autographa californica* nuclear polyhedrosis virus（AcNPV）
三十烷醇	Triacontanol
地中海实蝇引诱剂	Trimedlure
聚半乳糖醛酸酶	Polygalacturonase
超敏蛋白	Harpin protein
S-诱抗素	S-Abscisic Acid
香菇多糖	Lentinan
几丁聚糖	Chltosan
葡聚烯糖	Glucosan
氨基寡糖素	Oligochitosaccharins
解淀粉芽孢杆菌	*Bacillus amyloliquefaciens*
甲基营养型芽孢杆菌	*Bacillus methylotrophicus*
甘蓝夜蛾核型多角体病毒	*Mamestra brassicae* nuclear polyhedrosis virus（MbNPV）
极细链格孢激活蛋白	Plant activeator protein
蝗虫微孢子虫	*Nosema locustae*
低聚糖素	Oligosaccharide
小盾壳霉	*Coniothyrium minitans*
Z-8-十二碳烯乙酯	Z-8-dodecen-1-yl acetate
E-8-十二碳烯乙酯	E-8-dodecen-1-yl acetate
Z-8-十二碳烯醇	Z-8-dodecen-1-ol
混合脂肪酸	Mixed fatty acids

29　怎样看待果品农残？

在我国栽培的果树中，除菠萝、草莓、番木瓜、火龙果、香蕉等少数果树属于多年生草本植物外，绝大多数果树均属多年生木本植物或藤本植物。果树施用农药后，树体中残留的农药主要在根、茎、叶等器官中，进入果实和种子中的农药极少，而果树供人食用的器官仅是种子（坚果）或/和果实（水果）。除草莓等极个别果树果实发育期较短（1个月左右）外，绝大多数果树从开花到果实成熟、采摘经历的时间（即果实发育期）长达数月，不成熟的果实通常不能吃、也不好吃。果实只有充分发育、达到适宜的采收成熟度时，才能呈现应有的营养水平以及固有的色泽、香气、味道、形状和内在品质。也正因为果实发育期长，再加上后期病虫害少、农药使用少，到果实采收时农药大多已降解掉，残留下来的农药其水平往往很低，果实采收后如果再贮藏一段时间，残留农药会进一步降解，残留水平会越来越小。有的水果在采后处理过程中和食用前还会进行清洗，清洗对除去果皮上残留的农药有很好的效果。目前，高毒、高残留农药已在果树上禁止使用，果树上普遍使用的农药多是低毒农药或微毒农药，仅有极个别的中等毒性农药可能会使用到。因此，果品中很少会检出高毒、高残留农药。另外，随着果品质量安全关注度和果树病虫害防控技术的不断提高，果树生产大力提倡"双减"（肥料和农药减施增效），农药使用量逐步减少，这也有利于降低果品中的农药残留。

30　果品无农残才安全？

有农药残留的果品并不意味着对消费者就不安全。这是因为，果品的农药残留风险既与农药的毒性有关，也与农药的残留量有关。对于毒性低的农药，即使残留量较高，健康风险也会比较低。反之，对于毒性高的农药，即使残留量不高，健康风险也可能会比较大，甚至达到不可接受的程度。通常，低于最大残留限量的残留量都是安全的，消费者不用担心。如果残留量超过了最大残留限量或者该种果品未制定该农药的最大残留限量，则可利用该农药的残留数据、毒理学数据（ADI、ARfD）和该种果品的消费量数据进行风险评估。

果品农药残留风险评估有两种——慢性摄入风险和急性摄入风险。慢性摄入风险（%ADI）按式（1）计算。当%ADI≤100%时，表示慢性摄入风险可以接受；当%ADI>100%时，表示慢性摄入风险不可接受，且%ADI越大，慢性摄入风险越大。急性摄入风险（%ARfD）按式（2）计算。当%ARfD≤100%时，表示急性摄入风险可以接受；当%ARfD>100%时，表示急性摄入风险不可接受，且%ARfD越大，急性摄入风险越大。某种果品中某种农药的短期膳食摄入量（ESTI）依果品的个体大小按式（3）、式（4）或式（5）计算，分别对应于单个果实重量小于25g、单个果实重量>25g且可食部分重量<该果品大部分食用者的消费量（97.5百分位点值）、单个果实重量>25g且可食部分重量≥大部分食用者的消费量（97.5百分位点值）3种情况。

$$\%ADI = \frac{Re \times Co}{bw \times ADI} \times 100 \tag{1}$$

$$\%ARfD = \frac{ESTI}{ARfD} \times 100 \tag{2}$$

$$ESTI = \frac{LP \times Re}{bw} \tag{3}$$

$$ESTI = \frac{Ue \times Re \times v + (LP - Ue) \times Re}{bw} \tag{4}$$

$$ESTI = \frac{Ue \times Re \times v}{bw} \tag{5}$$

式中：

%ADI——农药残留慢性摄入风险，单位为%；

%ARfD——农药残留急性摄入风险，单位为%；

Re——该果品中该农药的残留量，单位为mg/kg；

Co——该果品每日平均消费量，单位为kg/d；

bw——人体平均体重，单位为kg；

ADI——该农药的每日允许摄入量，单位为mg/（kg体重·d）；

ESTI——该果品中该农药的短期摄入量，单位为mg/（kg体重·d）；

ARfD——该农药的急性参考剂量，单位为mg/（kg体重·d）；

LP——该果品大部分消费者的消费量，单位为kg/d；

Ue——该果品单个果实的可食部分重量，单位为kg；

v——该果品的个体间变异因子，通常取3。

31　哪些污染物有限量？

污染物是指食品在从生产（包括农作物种植、动物饲养和兽医用药）、加工、包装、贮存、运输、销售，直至食用等过程中产生的或由环境污染带入的、非有意加入的化学性危害物质。通常所说的污染物是指除农药残留、兽药残留、生物毒素和放射性物质以外的污染物。所谓污染物限量，是指污染物在食品原料和（或）食品成品可食用部分中允许的最大含量水平。这里的可食用部分，是指食品原料经过机械手段（如谷物碾磨、水果剥皮、坚果去壳、肉去骨、鱼去刺、贝去壳等）去除非食用部分后，所得到的用于食用的部分。之所以引入可食用部分的概念，一是有利于重点加强食品可食用部分加工过程管理，防止和减少污染，提高了限量标准的针对性；二是可食用部分客观反映了居民消费实际情况，提高了限量标准的科学性和可操作性。根据《食品安全国家标准　食品中污染物限量》（GB 2762—2017），我国制定了果品中铅和镉的限量，详见表12。

表12　我国果品及其制品中污染物限量

污染物	适用产品	限量（mg/kg）
铅	新鲜水果（浆果和其他小粒水果除外）	0.1
	浆果和其他小粒水果	0.2
	水果制品*	1.0
	果汁类及其饮料	0.05
	浓缩果汁（浆）	0.5
	坚果及籽粒	0.2
镉	新鲜水果	0.05

注：*包括水果罐头，醋、油或盐渍水果，果酱（泥），蜜饯凉果（包括果丹皮），发酵的水果制品，煮熟的或油炸的水果，水果甜品，其他水果制品。

32　为何取消稀土限量?

我国原国家标准《食品中污染物限量》（GB 2762—2005）针对粮食、蔬菜、水果等7类食品制定了稀土限量指标（表13）。2017

年，原国家卫生和计划生育委员会发布了《食品安全国家标准　食品中污染物限量》（GB 2762—2017），并对其进行了详细解读。在该解读材料中，详细说明了新标准取消食品中稀土限量要求的原因。

根据中国居民膳食稀土元素暴露风险评估，在代表性稀土元素镧、铈、钇的大鼠90d经口灌胃试验中，除了高剂量镧影响动物体重增加和进食量外，未发现镧、铈、钇具有明显的亚慢性毒性。从食物中目前的稀土元素含量水平来看，除了茶叶、食用菌、藻类中的稀土元素含量相对较高外，其他各类常见食物中稀土元素含量均处于较低水平。无论是一般人群还是潜在高暴露人群（如长期饮用紧压茶的成年人、稀土矿区居民），平均每日从膳食中摄入的稀土元素均未超过镧（代表总稀土元素）临时每日允许摄入量（TADI）的5%，可以认为目前稀土元素的膳食暴露量不会对健康构成潜在危害。因此，基于中国居民膳食稀土元素暴露风险评估结果，我国取消了食品中稀土的限量要求。

表13　我国原国家标准设定的食品中稀土限量

食品	限量（mg/kg）*
粮食（稻谷、玉米、小麦）	2.0
蔬菜（菠菜除外）	0.7
水果	0.7
花生仁	0.5
马铃薯	0.5
绿豆	1.0
茶叶	2.0

注：*以稀土氧化物总量计。

33 重金属指哪些元素？

重金属系指高密度金属，特别是密度≥5g/cm³的金属，12种重金属的密度见表14。环境污染所指重金属主要是有生物毒性的镉、铬、汞、钴、镍、铅、铜、锡、锌等重金属元素以及类金属元素砷和硒。铬、钴、锰、镍、铜、锌等重金属元素虽然为机体生长和功能所必需，但超过一定水平就会对人体产生毒害作用。重金属能在人体不同部位积累，由于不能被生物降解和持久存在，低浓度也能对健康产生不良影响。镉、镍、铅、铜等重金属的过量摄入还会导致人体中一些必需营养素的严重损耗。由于食品安全问题、潜在的健康风险和对土壤生态的不利影响，重金属污染越来越受到关注。与果品有关的重金属主要是镉、铬、镍、铅、铜、锌等，此外还有汞、锰、砷等。重金属对人体健康的影响与其毒性和摄入量有关。重金属的毒性大小通常用人体在单位时间内不得超过的最大摄入量表示，如每周耐受摄入量、每日耐受摄入量、摄入量上限等（表15），该值越小表示该重金属的毒性越大。

表14 部分重金属的密度

元素	密度（g/cm³）	元素	密度（g/cm³）
砷	5.73	锰	7.44
镉	8.65	镍	8.90
钴	8.90	铅	11.34
铬	7.19	硒	4.81
铜	8.96	锡	7.28、5.75、6.54*
汞	13.55	锌	7.14

注：*这3个值分别为白锡、灰锡和脆锡的密度。

表15　14种重金属元素的毒性指标

元素	指标	指标值
汞	PTWI	0.005mg/kg体重
镉	PTWI	0.007mg/kg体重
无机砷	PTWI	0.015mg/kg体重
铅	PTWI	0.025mg/kg体重
铝	PTWI	2mg/kg体重
锡	PTWI	14mg/kg体重
锑	TDI	0.006mg/kg体重
镍	TDI	0.012mg/kg体重
锌	PMTDI	1mg/kg体重
铁	PMTDI	0.8mg/kg体重
银	URVI	0.007mg/d
硒	URVI	0.4mg/d
铜	URVI	10mg/d
镁	URVI	11mg/d

34　重金属影响健康吗?

　　重金属及其化合物在人体各部位的累积水平主要取决于其亲和力。例如，大脑对镉、铝、铅等累积较多，胃对镉、铅、砷、硒等累积较多，肺对铬、铅、锡、硒等累积较多，骨对镉、铅等累积较多，淋巴结对锰、铅、锑、钍、铀等累积较多。人体内有毒物质的转化主要在肝脏和肾脏中进行，但只有健康的肝脏和肾脏才能完成转化过程。经过转化的毒物一般从肾脏排出，汞、锰、铅等重金属也可部分地经肠道通过粪便排出。肝脏含有特殊的结合蛋白，与污染物有强的亲和力，并有转化消解的酶，是人体的解毒器官。例如，铅中毒后短时间内肝脏中的铅含量可比血液中高出30倍。重金属对人体的毒害主要有急性、慢性、致癌、致畸等症状。在通常暴露水平下，重金属很少会引发急性中毒，经饮水和食物链进入人体的重金属只可能引起慢性中毒。在常见的重金属中，镉、铬、汞、铅、砷、铜等重金属均有致畸作用。下面逐一介绍铅、镉、汞、砷等4种重金属对人体健康的危害。

（1）铅对人体健康的危害　铅主要累积在人的神经、造血、消化、心血管、免疫等系统和肾脏中。铅对心血管、消化、泌尿、神经等系统及眼睛、肌肉、骨骼、器官发育、造血、生殖等均产生危害。例如，造成神经机能障碍、器质性脑病和神经麻痹；干扰血红素合成，造成贫血；作用于血管壁引起细小动脉痉挛，导致腹绞痛、视网膜小动脉痉挛、高血压和细小动脉硬化。铅对儿童发育和行为的危害比成人更严重，儿童的中枢神经处于发育过程中，对铅的危害尤为敏感。儿童脑组织发育不完善，作为强烈的亲神经毒物，铅容易在儿童脑部蓄积，轻微的铅负荷增高即能引起神经生理过程的不可逆损害。当血液铅水平超过0.6μg/mL时，儿童会出现智力发育障碍和行为异常。

（2）镉对人体健康的危害　镉进入人体后，选择性地蓄积于肾、肝等脏器。肾脏是镉中毒"靶器官"，肾脏中蓄积的镉占人体镉蓄积量的1/3。镉被人体吸收后，可与含羟基、氨基、硫基的蛋白质结合，形成镉蛋白，使许多酶系统受到抑制。镉对心血管、消化、神经、呼吸、泌尿等系统及器官发育、生殖等均产生危害。

例如，损伤肾小管，患者出现糖尿、蛋白尿和氨基酸尿；损害血管，导致组织缺血，引起多个系统损伤；干扰铜、钴、锌等微量元素代谢，阻碍肠道吸收铁，抑制血红蛋白合成和肺泡巨噬细胞氧化磷酰化代谢过程，引起肺、肾、肝损害；骨骼代谢受阻，引起骨质疏松、萎缩、变形等症状。1955年日本富山县神通川流域居民发生的痛痛病（骨痛病）就是长期摄入含镉稻米所致。镉也是人类致癌物，有较强的致癌作用。

（3）汞对人体健康的危害　汞对消化、泌尿、神经等系统及眼睛、器官发育等均产生危害。汞主要通过食物链传递在人体蓄积，蓄积最多的部位为骨髓、肾、肝、脑、肺、心等。汞可以单质（金属汞）或化合物两种形态存在。金属汞中毒常以汞蒸气形式引起。汞蒸气通过呼吸道进入肺泡，经血液循环运至全身。血液中的金属汞进入脑组织后，被氧化成汞离子，逐渐在脑组织中积累，达到一定量就会对脑组织造成损害。甲基汞在人体肠道内极易被吸收并分布到全身，大部分蓄积于肝和肾，分布于脑组织中的甲基汞约占15%，但脑组织受损害先于其他组织，主要损害部位为大脑皮层、小脑和末梢神经。日本著名的公害病——水俣病即为甲基汞慢性中毒症。

（4）砷对人体健康的危害　砷对消化、神经、呼吸等系统及皮肤、肝脏均产生危害。当摄入量超过排泄量时，砷就会在肝、肾、肺、脾、子宫、胎盘、骨骼、肌肉等部位，特别是在毛发、指甲中蓄积，引起慢性砷中毒，出现皮肤色素沉着、过度角化、龟裂性溃疡、末梢神经炎、神经衰弱症、肢体血管痉挛以至坏疽等。长期摄入低剂量的砷，经过十几年甚至几十年的体内蓄积才发病。砷在环境中大都以无机砷和烷基砷的形态存在。不同形态的砷，毒性相差很大。元素态砷（即单质砷）不溶于水，因此几乎没有毒性。三价砷化合物的毒性大于五价砷化合物，砷化氢和三氧化二砷毒性最大。三氧化二砷俗称砒霜，为剧毒物。砷还是人类致癌物，可引发肺癌、皮肤癌和多种脏器肿瘤。

35 水果中含重金属吗？

土壤发育自成土母岩（质），成土母岩（质）中的重金属会随着土壤的发育而进入土壤。因此，即使没有受到重金属污染，土壤自身也含有一定水平的重金属，即土壤的重金属本底。土壤中7种重金属的常见含量水平为，汞0.01~0.15mg/kg，镉0.01~0.7mg/kg，砷1~20mg/kg，铅2~200mg/kg（多在15~25mg/kg），铬17~300mg/kg，锌10~300mg/kg，铜2~300mg/kg。

除非果园受到了重金属污染，水果中的重金属含量通常都很低，通过消费水果摄入重金属的量不会对人体健康造成潜在风险。对主产区苹果、梨、桃、葡萄、枣5种主要落叶水果中镉、铬、铅、镍4种重金属进行了研究，含量都不高（表16），在总共770余份样品中，只有3份样品铅含量超标，超标率仅0.4%（我国没有铬和镍的限量，采用文献报道的限量值）。通常，低于限量值的重金属含量都是安全的，消费者不必担心。如果重金属含量超过了限量值或者该种果品中未制定该重金属的限量，则可用该重金属的含量数据、毒理学数据（经口参考剂量）和该种果品的消费量数据进行风险评估。

果品消费带来的重金属摄入风险通常采用目标危害商法进行评估。该方法假定各重金属的吸收量均等于摄入量。按式（6）计算目标危害商（THQ）。根据THQ大小确定某种水果中某种重金属有无风险及风险高低。$THQ \leq 1$表示不会对人体健康造成潜在风险。

THQ>1表示存在对人体健康的潜在风险，且*THQ*越大风险越高。对于无经口参考剂量（*RfD*）数据的重金属，计算*THQ*时可用暂定每周耐受摄入量（*PTWI*）、暂定每月耐受摄入量（*PTMI*）、暂定每日最大耐受摄入量（*PMTDI*）或每日耐受摄入量（*TDI*）代替*RfD*，但*PTWI*和*PTMI*应换算成μg/（kg体重·d）为单位。我们的评估显示，我国上述5种落叶水果中上述4种重金属的*THQ*都在0.05以下，远小于1，表明其含量不会对人体健康造成潜在风险。

$$THQ = \frac{E_f \times E_d \times I_f \times C}{W_b \times T_e \times RfD} \tag{6}$$

式中：

THQ——目标危害商；

E_f——暴露频率，单位为d/年；

E_d——暴露周期，单位为年；

I_f——该种水果每天的摄入量，单位为g/d；

C——该种水果中该种重金属的含量，单位为μg/kg；

W_b——平均体重，单位为kg；

T_e——非致癌暴露时间（一般取$E_f \times E_d$），单位为d；

RfD——经口参考剂量，单位为μg/（kg体重·d）。

表16　我国5种落叶水果中4种重金属的含量水平

水果	指标	铅（mg/kg）	镉（mg/kg）	铬（mg/kg）	镍（mg/kg）
苹果	中　值	0.018 4	0.000 6	0.019 2	0.062 3
	平均值	0.023 3	0.002 1	0.025 0	0.076 6
梨	中　值	0.005 1	0.000 9	0.014 3	0.069 6
	平均值	0.009 0	0.002 6	0.018 6	0.086 1

（续表）

水果	指标	铅（mg/kg）	镉（mg/kg）	铬（mg/kg）	镍（mg/kg）
桃	中　值	0.019 0	0.002 9	0.032 1	0.073 9
	平均值	0.027 7	0.003 7	0.032 2	0.105 6
葡萄	中　值	0.005 0	0.000 5	0.011 2	0.017 0
	平均值	0.011 7	0.001 3	0.015 3	0.037 5
枣	中　值	0.015 9	0.001 3	0.020 7	0.098 5
	平均值	0.024 6	0.002 9	0.041 4	0.103 5

36　硒对健康有何影响？

　　硒是人体的必需微量元素。人体没有长期储存硒的器官，需要不断地从膳食中摄入。硒具有防治癌症、预防地方性疾病（如克山病、大骨节病）、拮抗有毒有害重金属（如镉、汞、铅、砷）、增强人体免疫力、延缓衰老、保护肝脏和心肌健康、防止心血管病、保护视力、减少白内障、提高生殖机能等多种功效。调查显示，我国居民日常饮食中硒摄入量平均值为43.3μg/d，低于中国营养学会推荐的硒适宜摄入量下限60μg/d，生活在严重缺硒地区的居民硒摄入量甚至低于20μg/d。大量研究证实，贫血、高血压、心脏病、克山病、大骨节病、糖尿病、癌症、白血病、老年性痴呆、老年性白内障等疾病均与硒摄入量偏低或缺硒有关。我国有高硒和低硒地区，在这些地区中出现了与硒贫乏和过多有关的疾病，反映居民因硒摄入量不当而危害了健康。在低硒地带，容易流行与缺硒相关的大骨节病、克山病等。克山病仅出现在居民硒摄入水平极低的地区，在病区补充硒或当病区居民硒摄入量达到一定水平后就没有克山病的发生。硒对人体健康的影响主要反映在缺硒上，但硒摄入量也不宜过高。在高硒地区，居民由于摄入过多硒而出现脱发、掉甲等慢性中毒症状。

37 为何取消硒的限量？

关于我国为什么取消食品中硒限量要求，原卫生部2013年1月29日公布的"《食品中污染物限量》（GB 2762—2012）问答"做出了明确解释。硒是人体必需微量元素，但过量硒摄入也会对人体产生不良健康效应。除极个别地区外，我国大部分地区是硒缺乏地区。《食品中污染物限量》（GB 2762—2005）将硒作为污染物进行限量规定（表17），同时为确保缺硒人群硒元素摄入，《食品营养强化剂使用卫生标准》（GB 14880—1994）规定在特定食品种类中，可按照规定强化量对食品进行强化。

表17 我国原国家标准设定的食品中硒限量指标

食品	限量（mg/kg）	食品	限量（mg/kg）
粮食（成品粮）	0.3	肾	3.0
豆类及制品	0.3	鱼类	1.0
蔬菜	0.1	蛋类	0.5
水果	0.05	鲜乳	0.03
畜禽肉类	0.5	乳粉	0.15

随着对硒的科学认识不断深入，国际食品法典委员会（CAC）和多数国家、地区将硒从食品污染物中删除。我国实验室检测、全

国营养调查和总膳食研究数据显示，各类地区居民硒摄入量较低，20世纪60年代以来，我国极个别发生硒中毒地区采取相关措施有效降低了硒摄入，地方性硒中毒得到了很好控制，多年来未发现硒中毒现象。以上情况表明，硒限量标准在控制硒中毒方面的作用已经有限。为此，原卫生部通过2011年第3号公告取消了《食品中污染物限量》（GB 2762—2005）中硒指标，不再将硒作为食品污染物控制。

38　硒摄入量有限制吗？

对人体而言，硒元素的营养保健作用与中毒之间距离极小，过量的硒对人体有毒害作用，使用剂量稍有不慎极易引起硒中毒。日常生活中应保证既不会出现硒摄入量不足导致的疾病，也不致硒摄入量过多而影响健康，甚至出现慢性中毒。我国、美国、欧洲食品安全局（EFSA）和国际粮农组织/世界卫生组织（FAO/WHO）均对硒摄入量进行了限定。我国早在20世纪80年代就已开始关注硒摄入量问题，提出国人硒适宜膳食摄入量为50～250μg/d，最大安全摄入量为400μg/d（一般地区）和550（高硒地区）。中国营养学会2013年发布的《中国居民膳食营养素参考摄入量》提出了硒的推荐摄入量和可耐受最高摄入量（表18）。表18中，1岁以下婴儿的推荐摄入量为适宜摄入量（AI）。

表18　我国居民膳食硒参考摄入量（μg/d）

年龄（岁）	推荐摄入量	可耐受最高摄入量
0～	15（AI）	55
0.5～	20（AI）	80

（续表）

年龄（岁）	推荐摄入量	可耐受最高摄入量
1 ~	25	100
4 ~	30	150
7 ~	40	200
11 ~	55	300
14 ~	60	350
18 ~	60	400
孕妇	+5	400
乳母	+18	400

注：1岁以下婴儿的推荐摄入量为适宜摄入量。"+"表示在同龄人群参考值基础上额外增加。

　　适宜摄入量（AI）是通过观察或实验获得的健康人群某种营养素的摄入量。推荐摄入量（RNI）可以满足某一特定人群绝大多数（97% ~ 98%）个体的需要，长期摄入该水平，可以维持组织中有适当的储备和机体健康。可耐受最高摄入量（UL）是平均每日可以摄入营养素的最高量，其用途主要是检查个体摄入量过高的可能，避免发生中毒。EFSA设定成人和哺乳妇女（即乳母）的硒适宜膳食摄入量分别为70μg/d和85μg/d，推定1 ~ 3岁小孩的硒适宜膳食摄入量为15μg/d，15 ~ 17岁青少年的硒适宜膳食摄入量为70μg/d。美国食品和营养委员会推荐成人适宜硒摄入量为50 ~ 200μg/d。FAO/WHO推荐硒摄入量，婴儿和小孩为6 ~ 21μg/d（依年龄递增），青少年为26μg/d（女性）和30μg/d（男性），成年人为26μg/d（女性）和35μg/d（男性）。当硒摄入量超过900μg/d时会发生硒中毒，为避免硒过量

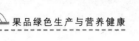

摄入对人体健康带来负面影响，FAO/WHO设定人的硒耐受上限为400μg/d。

39 果品中硒水平怎样？

坚果中硒含量很低，多数坚果在5μg/100g以下，杏仁、银杏和腰果相对较高，在5~15μg/100g。水果中硒含量更低，多数水果都在1μg/100g以下，甚少达到5μg/100g。对苹果、梨、葡萄、桃、枣、猕猴桃6种主要落叶水果开展了硒含量调查，从主产区采集760个样品进行硒含量分析（表19），平均含量为4.3μg/kg，最高含量为38μg/kg，绝大多数样品（占78.2%）硒含量<5μg/kg，硒含量≥10μg/kg的样品占14.2%；在10μg/kg>硒含量≥5μg/kg的样品中，随着硒含量的升高，样品所占比例逐渐降低。

表19 我国6种水果的硒含量水平

水果	最大值（μg/kg）	中间值（μg/kg）	平均值（μg/kg）
梨	38.0	2.6	4.7
猕猴桃	27.0	2.5	5.3
苹果	23.2	1.1	1.3
葡萄	34.8	4.0	6.4
桃	33.2	1.0	5.5
枣	23.4	6.5	7.3

在研究的6种果品中，苹果的硒含量明显低于其他5种水果，平均仅为1.3μg/kg。枣的硒含量平均为7.3μg/kg，明显高于除葡萄之外

的其他4种水果。葡萄、桃、猕猴桃、梨等4种水果之间硒含量差异不明显。6种水果硒含量<5μg/kg的样品比例均很高，分别达到45.7%（枣）、65.7%（葡萄）、72.2%（桃）、75.1%（梨）、80.0%（猕猴桃）和98.8%（苹果）。硒含量≥10μg/kg的样品比例普遍不高，仅分别为27.2%（枣）、26.3%（葡萄）、22.2%（桃）、15.0%（猕猴桃）、14.4%（梨）和0.4%（苹果）。

根据表19中的硒含量数据（A）和中国大陆人口（F），利用式（7）及各水果的产量（B）、出口量（C）、加工消耗量（D）、贮藏损失率（E）、消费时间（G）等数据，可算得我国居民来自6种落叶水果的每日硒摄入量估计值（X），详见表20。从表20可见，我国居民从苹果、梨、桃、葡萄、枣、猕猴桃6种主要落叶水果中摄入硒的量，最高水平为7.019μg/d，中间水平为0.569μg/d，平均水平为0.968μg/d。

$$X = \frac{A \times (B - C - D) \times (1 - E)}{F \times G} \tag{7}$$

表20　我国居民来自6种落叶水果的每日硒摄入量估计值

水果	最高（μg/d）	中间（μg/d）	平均（μg/d）
苹果	2.146	0.102	0.120
梨	1.794	0.123	0.222
桃	1.285	0.039	0.213
葡萄	0.996	0.115	0.183
枣	0.633	0.176	0.197
猕猴桃	0.165	0.015	0.032
合计	7.019	0.569	0.968

40 果品有核素限量吗？

我国于1994年9月1日实施了国家标准《食品中放射性物质限制浓度标准》（GB 14882—1994）。该标准规定了粮食、薯类（包括红薯、马铃薯、木薯）、蔬菜、水果、肉鱼虾类、奶类等主要食品中12种放射性物质的导出限制浓度，简称限制浓度。根据该标准，我国制定了水果中^{3}H、^{89}Sr、^{90}Sr等12种放射性核素的限制浓度（表21）。其中，^{3}H、^{89}Sr、^{90}Sr、^{131}I、^{137}Cs、^{147}Pm、^{239}Pu 7种放射性核素为人工放射性核素，^{210}Po、^{226}Ra、^{223}Ra、天然钍、天然铀5种放射性核素为天然放射性核素。这些限制浓度（X）都是用式（8）按单一水果被单一放射性核素污染的假设导出的。当多种水果和（或）被多种放射性核素同时污染时，应按式（9）进行放射卫生评价。

表21 我国水果放射性核素限制浓度

放射性核素	限制浓度（Bq/kg）	放射性核素	限制浓度（Bq/kg）
^{3}H	170 000	^{239}Pu	2.7
^{89}Sr	970	^{210}Po	5.3
^{90}Sr	77	^{226}Ra	11
^{131}I	160	^{223}Ra	5.6
^{137}Cs	210	天然钍	0.96*
^{147}Pm	8 200	天然铀	1.5*

注：标*的，其单位为mg/kg。

$$X = \frac{A}{365 \times B} \tag{8}$$

$$\sum_{i=1}^{m} \sum_{j=1}^{n} \frac{C_{ij}}{X_{ij}} \leqslant 1 \tag{9}$$

式中：

A——年摄入量限值，参见表22；

B——我国食用最多人群的平均日食用量，单位为kg/d；

C_{ij}——第j类水果中第i种核素的浓度，单位同表21；

X_{ij}——第j类水果对第i种核素的限制浓度，单位同表21。

表22　各类人员放射性核素年摄入量限值

放射性核素	成人（Bq）	儿童（Bq）	婴儿（Bq）
^{3}H	6.2×10^7	5.3×10^7	2.4×10^7
^{89}Sr	4.6×10^5	1.9×10^5	6.4×10^4
^{90}Sr	2.8×10^4	2.3×10^4	1.1×10^4
^{131}I	7.7×10^4	3.1×10^4	9.1×10^3
^{137}Cs	7.7×10^4	1.0×10^5	9.1×10^4
^{147}Pm	3.2×10^6	1.6×10^6	5.9×10^5
^{210}Po	2.2×10^3	1.0×10^3	3.3×10^2
^{226}Ra	4.0×10^3	2.5×10^3	1.0×10^3
^{223}Ra	2.0×10^3	2.1×10^3	7.7×10^2
天然钍*	347	297	206
天然铀*	551	358	142
^{239}Pu	1.0×10^3	1.0×10^3	7.1×10^2

注：标*的，其单位为mg。

41　果品真菌毒素有哪些？

真菌毒素是指真菌在生长繁殖过程中产生的次生有毒代谢产物。果品在生长、采收、贮运、销售等过程中，容易受到各种病原菌的侵染而发生腐烂，甚至造成严重经济损失。在适宜条件下，病原菌会在果品腐烂部位产生并积累大量真菌毒素，对消费者健康造成潜在威胁，如致癌、致畸、致突变等。长期以来，对于发生腐烂的果品，由于食用过程中会去除腐烂部位，因此，人们并未对果品真菌毒素污染给予足够重视。然而，真菌毒素会从果品的腐烂部位向周围的健康组织迁移，而且难以将其清除干净。

青霉（Penicillium species）、曲霉（Aspergillus species）和交链孢（Alternaria species）是导致果品腐烂变质的重要病原菌，产生的真菌毒素能危害人体健康。目前，果品及其制品中检出频率较高的真菌毒素主要有展青霉素、赭曲霉毒素（主要是赭曲霉毒素A）、交链孢毒素（主要是交链孢酚、交链孢酚单甲醚、细交链孢菌酮酸、腾毒素）和黄曲霉毒素（主要是黄曲霉毒素B_1、黄曲霉毒素B_2、黄曲霉毒素G_1、黄曲霉毒素G_2）。此外还有镰刀菌毒素、伏马菌素、环匹阿尼酸、杂色曲霉素、橘霉素、青霉酸等。

真菌毒素对人体健康有严重的危害，能对人体产生长期的不良影响。大量的动物毒性实验和毒理实验表明，这些真菌毒素对人体都有很强的毒性。特别是黄曲霉毒素，是一类毒性和致癌力极强的化合物，尤以黄曲霉毒素B_1毒性和致癌力最强，其毒性是氰化钾的10倍、三氧化二砷（砒霜）的68倍，被国际癌症研究机构（IARC）划定为1类致癌物。赭曲霉毒素A和展青霉素的毒性也比较高，前者为2B类致癌物，其暂定每日最大耐受摄入量（PMTDI）为每千克体重14ng；后者的PMTDI为每千克体重0.4μg（成人）和0.2μg（儿童）。

42 果品有毒素限量吗？

毒素是真菌毒素的简称。真菌毒素限量是指真菌毒素在食品原料和（或）食品成品可食用部分中允许的最大含量水平，单位为微克每千克（μg/kg）。此处的可食用部分，是指食品原料经过机械手段（如谷物碾磨、水果剥皮、坚果去壳、肉去骨、鱼去刺、贝去壳等）去除非食用部分后，所得到的用于食用的部分。《食品安全国家标准　食品中真菌毒素限量》（GB 2761—2017）列出了可能对公众健康构成较大风险的真菌毒素及其在食品中的限量。该标准制定限量值的食品是对消费者膳食暴露量产生较大影响的食品。根据该标准，在果品及其制品真菌毒素限量方面，我国目前仅制定了熟制坚果及籽粒中黄曲霉毒素B_1的限量（5.0μg/kg）以及果品制品、果汁和果酒中展青霉素的限量（表23）。根据《果品质量安全学》（聂继云，2020），除展青霉素和黄曲霉毒素外，污染果品及其制品的真菌毒素还有赭曲霉毒素、交链孢毒素、镰刀菌毒素、伏马菌素、环匹阿尼酸、杂色曲霉素、橘霉素、青霉酸等。

表23　我国果品及其制品真菌毒素限量

真菌毒素	适用产品	限量（μg/kg）
黄曲霉毒素B_1	熟制坚果及籽粒	5.0
展青霉素	水果制品（果丹皮除外）*	50
	果汁类*	50
	酒类*	50

注：*仅限于以苹果、山楂为原料制成的产品。

43　果品中有致病菌吗？

致病菌是常见的致病性微生物，能引起人或动物疾病。食品中的致病菌主要有沙门氏菌、副溶血性弧菌、大肠杆菌、金黄色葡萄球菌等。为控制食品中致病菌污染，预防微生物性食源性疾病发生，同时整合分散在不同食品标准中的致病菌限量规定，我国制定了《食品安全国家标准 食品中致病菌限量》（GB 29921—2013），适用于预包装食品。该标准属于通用标准，其他相关规定与该标准不一致的，应按该标准执行。其他食品标准中如有致病菌限量要求，应引用该标准规定或与该标准保持一致。

目前，该标准尚未制定果品中致病菌限量，但制定有即食水果制品中沙门氏菌、金黄色葡萄球菌和大肠埃希氏菌O157：H7的限量，以及坚果籽实制品——坚果及籽类的泥（酱）和腌制果仁中沙门氏菌的限量，共计4项限量（表24）。即食水果制品中金黄色葡萄球菌可接受水平限量值和最高安全限量值分别为100CFU/g和1 000CFU/g，要求同一批次产品采集5件样品，最多可允许1件样品超出可接受水平限量值（100CFU/g）。其余3项限量均为致病菌可接受水平限量，其值均为0CFU/25g。CFU为菌落形成单位，指单位质量中致病菌的群落总数。

表24　我国果品制品致病菌限量

食品类别	致病菌指标	n	c	m	M
即食水果制品	沙门氏菌	5	0	0	—
	金黄色葡萄球菌	5	1	100CFU/g	1 000CFU/g
	大肠埃希氏菌 O157：H7	5	0	0	—
坚果及籽类的泥（酱）、腌制果仁类	沙门氏菌	5	0	0	—

注：n为同一批次产品应采集的样品件数。C为最大可允许超出m值的样品数。m为致病菌指标可接受水平的限量值，若非指定，均以CFU/25g表示。M为致病菌指标的最高安全限量值，若非指定，均以CFU/25g表示。

44　腐烂的水果能吃吗?

当水果受到损伤后或保存不当时,一些病原微生物会侵入其中,导致水果腐烂、变质。对于发生局部腐烂的水果,有些人舍不得将其丢弃,会将腐烂部位削掉后食用,以为削掉腐烂部位后剩下的部分就是好的、安全的,不会对人体健康造成风险。实则不然。对于病原微生物侵入后造成的水果局部腐烂、变质,肉眼很容易看到。而对于水果在腐烂、变质过程中产生的有毒、有害物质,肉眼却无法看到。水果尚未发生病变的部分有可能已经受到这些有毒、有害物质的侵染,食用后难免对人体健康造成不利影响。人们对100余个部分腐烂的苹果所做的研究表明,病斑之外2cm范围内的看似健康的果肉中都可能检测到展青霉素、细交链孢酮酸、交链孢酚、交链孢烯等真菌毒素,病斑之外3cm以外的果肉就检测不到这些真菌毒素了。可见,已部分腐烂的水果,削去腐烂部分后剩下的部分即使看似完好,最好也不要食用。若要食用,应尽可能多地削去病斑周围的健康果肉。

45　水果营养价值怎样?

　　所谓营养价值，通常是指在特定食品中的营养素（即营养成分）及其质和量的关系，也指食物中所含营养素的种类、数量和相互比例能够满足人体需要的程度。根据《中国食物营养成分表　标准版（第6版　第一册）》，果品（水果、坚果和果干）的营养成分一般包括蛋白质、脂肪、碳水化合物、不溶性膳食纤维、总维生素A、胡萝卜素、硫胺素（又叫维生素B_1）、核黄素（又叫维生素B_2）、烟酸（又叫尼克酸、维生素B_3）、维生素C、维生素E、钙、磷、钾、钠、镁、铁、锌、硒、铜、锰等21项。其中，蛋白质、脂肪、碳水化合物和不溶性膳食纤维为宏量营养素；维生素A、维生素C、维生素E、硫胺素、核黄素和烟酸均为维生素；钙、磷、钾、钠、镁、铁、锌、硒、铜和锰均为矿物质；胡萝卜素在计算总维生素A生物活性时要用到；碳水化合物为导出值，按式（10）计算，本书不做详细介绍。除上述21种一般营养外，果品还含有胆碱、叶酸、生物素3种营养成分，三者均为维生素，后文将有专门介绍。

$$X = 100 - (A + B + C + D) \tag{10}$$

式中：

  X——碳水化合物含量，单位为g/100g；

  A——水分含量，单位为g/100g；

  B——蛋白质含量，单位为g/100g；

  C——脂肪含量，单位为g/100g；

  D——灰分含量，单位为g/100g。

水果蛋白质和脂肪含量通常都很低，绝大多数水果都在1%以下，只有榴莲、椰子等极少数水果超过了2%。除番石榴、橄榄、桑葚、山楂、石榴、无花果、椰子、余甘子等少数水果超过了3%以外，其他水果的不溶性膳食纤维含量通常都不足2%。草莓、橙、番木瓜、番石榴、红毛丹、荔枝、龙眼、芒果、猕猴桃、柠檬、沙棘、山楂、柿子、鲜枣、余甘子、柚等水果中维生素C丰富，含量都在20mg/100g以上，特别是沙棘和鲜枣，更超过了200mg/100g。水果的维生素E含量通常不足1mg/100g，榴莲、猕猴桃、桑葚、山楂、石榴、樱桃等水果的维生素E含量相对较高，在2mg/100g以上，甚至接近10mg/100g（桑葚）。水果的烟酸含量通常不足1mg/100g。水果的硫胺素和核黄素含量几乎都在0.2mg/100g以下。番木瓜、芒果、蜜橘、沙棘、鲜枣、杏、樱桃等水果的维生素A含量相对较高（>20μgRAE/100g），特别是沙棘，可达到300μgRAE/100g以上。橙、番木瓜、橄榄、李子、芒果、猕猴桃、蜜橘、沙棘、山楂、柿子、西瓜、鲜枣、杏、樱桃等水果的胡萝卜素含量均可达100μg/100g以上，特别是沙棘，超过了3 000μg/100g。值得注意的是，鲜枣含有丰富的维生素A、胡萝卜素和维生素C，但加工成干枣后，这些营养几乎损失殆尽。葡萄和无花果都含有较多的胡萝卜素，加工成果干后胡萝卜素已所剩无几。因此，从营养的角度，建议尽可能吃鲜的枣、葡萄和无花果，而不是其果干。

在矿物质方面，通常，钾是水果中含量最高的矿物质，多数水果都富含钾，含量多在100mg/100g以上，菠萝蜜、沙棘、山楂、鲜枣、椰子等水果的钾含量均接近或超过了300mg/100g。水果中磷的含量相对较高，多数水果都在10mg/100g以上，蒲桃、沙棘、石榴、椰子等水果的磷含量均超过了50mg/100g。水果中钙的含量也较高，不少水果在10mg/100g以上，橙、橄榄、猕猴桃、柠檬、蒲桃、桑葚、山楂、沙棘、无花果、鲜枣等水果的钙含量均接近或超过了20mg/100g。水果中钠的含量通常都在10mg/100g以下，番木瓜、沙棘和椰子相对较高，超过了20mg/100g。水果中镁的含量通常在5mg/100g以上，火龙果、榴莲、菠萝蜜、柠檬、蒲桃、沙棘、香蕉、椰子等水果的镁含量均超过了20mg/100g。多数水果的锰和铜含量都在1mg/100g以下，甚至不足0.1mg/100g。水果中铁和锌的含量也不高，大多数水果在1mg/100g以下，沙棘的铁含量相对较高，可达8mg/100g。水果中硒含量极低，多数水果都在1μg/100g以下，甚少达到5μg/100g。

46　坚果营养价值怎样?

常见的坚果可分为两类，富含蛋白质和脂肪的坚果（如核桃、杏仁、榛子仁、松子等）和含碳水化合物高而脂肪少的坚果（如白果、板栗等）。根据《中国食物营养成分表　标准版（第6版　第一册）》，除板栗外，坚果的蛋白质含量都比较高，一般在10%以上，腰果、杏仁、开心果和榛子的蛋白质含量甚至高达20%以上。蛋白质是由氨基酸组成的，因此，蛋白质含量高的果品，其氨基酸含量也高。除板栗和白果外，坚果的脂肪含量一般都接近或超过30%，其中，核桃、开心果、松子、香榧、腰果、榛子等坚果的脂肪含量接近或超过了50%。脂肪是由脂肪酸组成的，坚果中的脂肪酸以不饱和脂肪酸（包括单不饱和脂肪酸和多不饱和脂肪酸）为主，饱和脂肪酸多以15：0饱和脂肪酸为主，单不饱和脂肪酸以17：1单不饱和脂肪酸为主，多不饱和脂肪酸以18：2多不饱和脂肪酸为主。

多数坚果的不溶性膳食纤维含量都比较高，核桃、松子、腰果和榛子的不溶性膳食纤维含量接近或超过了10%。坚果中仅鲜板栗的维生素A含量比较高，可达16μgRAE/100g。坚果的硫胺素（又叫维生素B_1）和核黄素（又叫维生素B_2）含量几乎都在0.5mg/100g以下。坚果的烟酸（又叫尼克酸、维生素B_3）含量也普遍不高，甚少超过5mg/100g。板栗、鲜核桃和杏仁有较高的维生素C含量，可达10~20mg/100g。与水果相比，坚果的维生素E含量普遍较高，绝大多数坚果都在10mg/100g以上，特别是香榧和干山核桃，可分别达到110mg/100g和60mg/100g。核桃、山核桃、松子、鲜板栗、腰果和榛子都富含胡萝卜素，特别是鲜板栗，胡萝卜素含量接近200μg/100g。

在矿物质方面，通常，钾是坚果中含量最高的矿物质，多数坚果都富含钾，其含量多在200mg/100g以上，开心果、松子仁、香榧、腰果和榛子的钾含量均接近或超过了500mg/100g，榛子更达到了1 000mg/100g。大多数坚果的磷含量在200mg/100g以上，特别是开心果、山核桃、松子、腰果和榛子，磷含量在400~600mg/100g。坚果中镁含量通常在100mg/100g以上，山核桃、松子、香榧、腰果、榛子等坚果的镁含量均接近或超过300mg/100g，松子和腰果甚至超过了500mg/100g。大多数坚果的钙含量都在50mg/100g以上，特别是开心果、杏仁和榛子，达到了100mg/100g左右。坚果的铜和锰含量均不高，通常都在5mg/100g以下，榛子、松子和山核桃锰含量相对较高，可分别达到15mg/100g、10mg/100g和8mg/100g。坚果中铁和锌的含量也不高，多在1～10mg/100g，以山核桃、松子、腰果和榛子的铁和锌含量相对较高，均在5mg/100g以上。坚果含硒量极低，多数坚果都在5μg/100g以下，杏仁、腰果和银杏相对较高，在5～15μg/100g。

47 果品含哪些维生素？

作为传统营养素之一的维生素，其不同于碳水化合物、蛋白质、脂肪等宏量营养素的特点之一就是，在天然食物中含量极少（mg/100g级或μg/100g级），但却是人体必需的。维生素的名称即有"维持生命的要素"的含义。每种维生素都履行着特殊的功能，缺乏时将引起相关的营养缺乏症。除维生素D外，人体不能合成其他的维生素。肠道细菌虽然可合成维生素，但其数量不能满足人体需要。所以维生素必须从食物中摄取。维生素分为水溶性维生素和脂溶性维生素两大类。水溶性维生素在体内不易贮存，每日必须由食物供给。大部分脂溶性维生素被吸收后储存于肝脏中。脂溶性维生素摄入过多，可在体内蓄积，而发生毒性反应。除维生素C外，其他的水溶性维生素统称B族维生素，包括硫胺素（VB_1）、核黄素（VB_2）、烟酸（尼克酸、VB_3或Vpp）、泛酸（遍多酸或VB_5）、吡哆素（VB_6）、生物素（VB_7）、叶酸（维生素M或VB_{11}）、钴胺素（VB_{12}）和胆碱。脂溶性维生素包括维生素A（VA）、维生素D（VD）、维生素E（VE）和维生素K（VK）。果品所含维生素主要有维生素A、维生素C、维生素E、胆碱、核黄素、硫胺素、生物素、烟酸和叶酸。其中，维生素C、维生素E、胆碱和烟酸的含量多在mg/100g级，维生素A、核黄素、硫胺素、生物素和叶酸的含量多在μg/100g级。

48　维生素A有哪些特点？

维生素A是几个化合物的总称，包括视黄醇及其衍生物视黄醛、视黄酸、视黄醇酯等。类胡萝卜素是植物中的天然色素，在人体内可转化为维生素A，也称维生素A原。能转化为维生素A的类胡萝卜素包括α-胡萝卜素、β-胡萝卜素、γ-胡萝卜素、玉米黄素和隐黄素，其代表物质是β-胡萝卜素。维生素A主要有4个方面的功能：①促进正常生长。维生素A是儿童生长、胎儿正常发育必不可少的重要营养物质。②视色素的组成成分。维生素A与暗视觉有关，供应不足会出现夜盲症。所谓暗视觉，是指在微弱光线下可看到事物的轮廓、形状。③维持上皮组织健全。维生素A缺乏引起干眼病。④增强免疫力和预防癌症。

维生素A仅存在于动物性食物中，含维生素A最丰富的是动物肝脏。植物性食物含有可作为维生素A原的类胡萝卜素。橙、番木瓜、橄榄、李子、芒果、猕猴桃、蜜橘、沙棘、山楂、柿子、西瓜、鲜枣、杏、樱桃等水果胡萝卜素含量均较高（在100μg/100g以上），沙棘可达3 000μg/100g以上。我国膳食结构中植物性食物占比较大，所以维生素A的主要来源是胡萝卜素。2002年我国第四次营养调查显示，我国居民维生素A摄入量（按视黄醇当量计）只是当时推荐摄入量的59.8%，缺乏程度严重。特别是北方，冬季蔬菜种类单调、胡萝卜素含量很低，造成维生素A季节性不足加剧。中国营养学会2013年发布的《中国居民膳食营养素参考摄入量》提出了维生素A的参考摄入量（表25）。表25中RAE为视黄醇活性当量，按式（11）计算。式（11）中的其他膳食维生素A原类胡萝卜素包括α-胡萝卜素、γ-胡萝卜素、玉米黄素和隐黄素。

表25 我国居民维生素A参考摄入量（μg RAE/d）

年龄（岁）	推荐摄入量	可耐受最高摄入量
0 ~	300（AI）	600
0.5 ~	350（AI）	600
1 ~	310	700
4 ~	360	900
7 ~	500	1 500
11 ~	670（男），630（女）	2 100
14 ~	820（男），630（女）	2 700
18 ~	800（男），700（女）	3 000
孕妇	+0（早期）	3 000
孕妇	+70（中期）	3 000
孕妇	+70（晚期）	3 000
乳母	+600	3 000

注：1岁以下婴儿的推荐摄入量为适宜摄入量（AI）。可耐受最高摄入量不包括来自膳食维生素A原类胡萝卜素的RAE。

$$X = A + \frac{B}{2} + \frac{C}{12} + \frac{D}{24} \tag{11}$$

式中：

X——视黄醇活性当量，单位为μg RAE；

A——膳食或补充剂来源全反式视黄醇，单位为μg；

B——补充剂纯品全反式β-胡萝卜素，单位为μg；

C——膳食全反式β-胡萝卜素，单位为μg；

D——其他膳食维生素A原类胡萝卜素，单位为μg。

49 硫胺素有哪些特点？

硫胺素即维生素B_1，又称抗神经炎维生素。硫胺素存在于大多数天然食物中，并可以游离硫胺素、焦磷酸硫胺素（羧化辅酶）等多种形式存。焦磷酸硫胺素是硫胺素的生物活性形式。游离硫胺素被小肠吸收后转化为焦磷酸硫胺素。硫胺素主要有4个方面的功能：①与人体内能量代谢密切相关。硫胺素以焦磷酸硫胺素的形式作为羧化酶的辅酶参与能量代谢。硫胺素还与机体的氮代谢和水盐代谢有关。②影响人体内核糖的合成。硫胺素以焦磷酸硫胺素的形式作为转酮基酶的辅酶参与体内核糖的合成。③与人体内胆碱酯酶活性有关。硫胺素缺乏会干预正常的神经传导，从而影响内脏和周围神经功能。④与心脏功能有关。硫胺素缺乏引起心脏功能失调。

硫胺素普遍存在于各种食物中，谷类、豆类、坚果、肉类、动物内脏、蛋类中含量较高。谷物仍为我国传统膳食中摄入硫胺素的主要来源，但过度碾磨的精白米、精白面会造成硫胺素的大量丢失，不宜多食。黑加仑、红色甘蓝、菊苣等水果、蔬菜，以及茶叶、咖啡中含有多羟基酚类物质，它们可通过氧化还原反应过程，使硫胺素失活。板栗、核桃、开心果、榴莲、蒲桃、松子、无花果干、腰果、榛子等果品的硫胺素含量相对较高，在0.1mg/100g以上，甚至达到0.6mg/100g。中国营养学会2013年发布的《中国居民膳食营养素参考摄入量》提出了硫胺素参考摄入量（表26）。硫胺素的摄入量一般以每4.18MJ（1 000kcal）热量所需的硫胺素的量来表示，当膳食中硫胺素低于72μg/MJ时，即引起脚气病。

表26　我国居民硫胺素参考摄入量（mg/d）

年龄（岁）	推荐摄入量	年龄（岁）	推荐摄入量
0 ~	0.1（AI）	14 ~	1.6（男）、1.3（女）
0.5 ~	0.3（AI）	18 ~	1.4（男）、1.2（女）
1 ~	0.6	孕妇	+0（早期）
4 ~	0.8	孕妇	+0.2（中期）
7 ~	1.0	孕妇	+0.3（晚期）
11 ~	1.3（男）、1.1（女）	乳母	+0.3

注：1岁以下婴儿的推荐摄入量为适宜摄入量。"+"表示在同龄人群参考值基础上额外增加。

50　核黄素有哪些特点？

核黄素即维生素B_2。核黄素在自然界中主要以2种磷酸酯的形式存在，即黄酸单核苷酸（FMN）和黄酸腺嘌呤二核苷酸（FAD）。核黄素主要有4个方面的功能：①与物质和能量代谢有关。核黄素是体内黄酶辅基（FMN或FAD）的重要组成成分，核黄素若缺乏，黄酶形成受阻，将导致物质和能量代谢紊乱，引起多种病变。②促进生长发育。核黄素是蛋白质代谢过程中某些酶的组成成分，核黄素严重缺乏时，儿童、少年会停滞生长。③与行为有关。核黄素与红细胞谷胱甘肽还原酶活性有关，缺乏时，该酶活性下降，出现精神抑郁、易感疲劳等症状。④保护皮肤。核黄素有减弱化学致癌物对皮肤造成损伤的作用。

核黄素是我国膳食中最易缺乏的营养素之一。核黄素广泛存在于各种食物中，但其含量较低。动物性食物中，以内脏（肝、肾、心）含量最高。植物性食物中以豆类含量较高。在我国，核黄素最重要的食物来源是谷物、动物内脏、坚果、奶和乳制品。果品的核黄素含量一般在0.1mg/100g以下，板栗、干枣、核桃、榴莲、龙眼、沙棘、松子、杏仁、腰果、榛子等果品的核黄素含量相对较高，在0.1mg/100g以上，甚至接近0.6mg/100g。中国营养学会2013年发布的《中国居民膳食营养素参考摄入量》提出了核黄素的参考摄入量（表27）。和硫胺素一样，核黄素的摄入量也以每4.18MJ（1 000kcal）热量所需毫克数表示。成人核黄素每天摄入量小于120μg/MJ时，连续4个月即可出现缺乏症，人体缺乏核黄素时，呈现口舌炎、眼球呈多血管等症状。

表27　我国居民膳食核黄素参考摄入量（mg/d）

年龄（岁）	推荐摄入量	年龄（岁）	推荐摄入量
0 ~	0.4（AI）	14 ~	1.6（男）、1.3（女）
0.5 ~	0.5（AI）	18 ~	1.4（男）、1.2（女）
1 ~	0.6	孕妇	+0（早期）
4 ~	0.7	孕妇	+0.2（中期）
7 ~	1.0	孕妇	+0.3（晚期）
11 ~	1.3	乳母	+0.3

注：1岁以下婴儿的推荐摄入量为适宜摄入量（AI）。"+"表示在同龄人群参考值基础上额外增加。

51　烟酸有哪些特点？

烟酸即维生素B_3，又叫尼克酸、Vpp，也称抗癞皮病维生素。

食物中的烟酸主要以辅酶形式存在，经消化作用释放出烟酰胺。烟酰胺又称尼克酰胺，是烟酰胺腺嘌呤二核苷酸（辅酶I）和烟酰胺腺嘌呤二核苷酸磷酸（辅酶II）的重要组成部分。烟酸主要有4个方面的功能：①与能量和物质代谢有关。烟酸在体内以烟酰胺的形式构成辅酶I或辅酶II，参与葡萄糖酵解、脂类代谢、丙酮酸代谢、戊糖合成、高能磷酸键的形成等能量和物质代谢过程。②维护皮肤、消化系统和神经系统的正常功能。烟酸缺乏时发生皮炎、肠炎和以神经炎为典型症状的癞皮病。③降低血清胆固醇。烟酸具有降低血清胆固醇和扩张末梢血管的作用，临床上常用于治疗高脂血症、缺血性心脏病等。④作为葡萄糖耐量因子（GTF）的组成成分，促进胰岛素反应。

烟酸及其酰胺广泛存在于食物中，但通常含量较少。动物性食物以肝、肾、瘦肉中含量最高。植物性食品中花生、糙米、蚕豆等含量较高。谷物中烟酸含量可达数毫克每百克，但因大部分存在于种皮中，在碾磨过程中损失较多。果品烟酸含量一般在0.1～1mg/100g，核桃、开心果、荔枝、榴莲、龙眼、松子、腰果、榛子等烟酸含量均较高，可达1mg/100g以上，核桃甚至接近10mg/100g。除直接从食物中摄入外，烟酸还可在体内通过色氨酸代谢来合成。平均约60mg色氨酸转化为1mg烟酸。所以，烟酸的总摄入量应包括外源性部分（食物）及内源性部分（色氨酸代谢）两方面，并用烟酸当量（NE）来表示。烟酸当量按式（12）计算。中国营养学会2013年发布的《中国居民膳食营养素参考摄入量》提出了烟酸的参考摄入量（表28）。通常色氨酸在蛋白质中约占1%，若膳食蛋白质达到或接近100g/d，相当于摄入烟酸16.7mg NE，此时一般不会出现烟酸缺乏。

$$X = A + \frac{B}{60} \qquad (12)$$

式中：

X——烟酸当量，单位为mg NE；

A——烟酸，单位为mg；

B——色氨酸，单位为mg。

表28　我国居民膳食烟酸参考摄入量（mg NE/d）

年龄（岁）	推荐摄入量	可耐受最高摄入量
0 ~	2（AI）	—
0.5 ~	3（AI）	—
1 ~	6	10
4 ~	8	15
7 ~	11（男）、10（女）	20
11 ~	14（男）、12（女）	25
14 ~	16（男）、13（女）	30
18 ~	15（男）、12（女）	35
50 ~	14（男）、12（女）	35
65 ~	14（男）、11（女）	35
80 ~	13（男）、10（女）	30
孕妇	+0	35
乳母	+3	35

　　注：1岁以下婴儿的推荐摄入量为适宜摄入量（AI）。"+"表示在同龄人群参考值基础上额外增加。

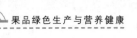

52 生物素有哪些特点？

生物素即维生素B_7，又称维生素H或辅酶R。生物素是羧化酶和脱羧酶辅酶的组成部分。参与体内CO_2的固定（羧化）和转羧基化作用，对碳水化合物、脂类、氨基酸的代谢有重要意义。因此，生物素在机体内的物质代谢和能量代谢中非常重要。人体缺乏生物素时，会引起皮炎、毛发脱落。生物素在食物中广泛存在，但含量大多较低。常见的生物素含量较高的食物有肝、肾、蛋等，例如，鸡蛋中生物素含量可达20μg/100g。生鸡蛋的蛋清中有一种蛋白质，称为抗生物素蛋白，可与生物素紧密结合，使生物素不被吸收。所以要慎吃生鸡蛋。但该蛋白质为一种糖蛋白，可经加热而失去作用。水果中生物素含量一般都很低，不足10μg/100g；板栗、核桃、开心果、杏仁、腰果、榛子等坚果中生物素含量较高，大都在10μg/100g以上，最高的接近90μg/100g（榛子）。除膳食摄入外，机体内的肠菌丛也可合成少量的生物素。人体生物素的需要量约为10μg/d。中国营养学会2013年发布的《中国居民膳食营养素参考摄入量》提出了生物素的参考摄入量（表29）。

表29 我国居民膳食生物素参考摄入量（μg/d）

年龄（岁）	适宜摄入量	年龄（岁）	适宜摄入量
0 ~	5	11 ~	35
0.5 ~	9	14 ~	40
1 ~	17	孕妇	40
4 ~	20	乳母	50
7 ~	25		

53 叶酸有哪些特点?

叶酸即维生素B_{11},也被称作维生素M。叶酸最早由肝脏中分离出来,后发现在植物的绿叶中含量丰富,因此得名叶酸。叶酸由碟酸与谷氨酸组成,故又叫碟酰谷氨酸。叶酸主要有3个方面的功能:①为人体各种细胞生长所必需。叶酸吸收后生成的四氢叶酸对甲硫氨酸、丝氨酸、甘氨酸等氨基酸的代谢、核酸和蛋白质的生物合成都有重要影响。②可治疗巨幼红细胞性贫血(该病以婴儿、妊娠期妇女较多见),故叶酸又称抗贫血维生素。③促进红细胞的合成,提高血携氧量。因此,能为肌肉生长提供所需的能量,还可使肌肉对胰岛素更敏感,也有利于降低患心脏病和中风的风险。

叶酸广泛存在于自然界,含量最多的是肝、肾、小麦胚芽、豆类、绿叶蔬菜等,例如猪肝和菠菜叶酸含量可分别达236μg/100g和347μg/100g。果品中菠萝、草莓、橙、干枣、核桃、橘、开心果、山楂、香蕉、杏仁、腰果等的叶酸含量相对较高,都在20μg/100g以上,特别是核桃,可达100μg/100g。正常情况下,除了从膳食中摄入叶酸外,人体肠道细菌也能合成部分叶酸,所以一般不易缺乏。但在吸收不良、组织需要增加、长期使用抗生素等情况下,也会造成缺乏。叶酸缺乏将导致巨幼红细胞性贫血,引起舌炎、血管毒性和神经管疾病,增加患血栓的风险。大量服用叶酸会产生副作用,如影响锌吸收、导致锌缺乏,掩盖维生素B_{12}(钴氨素)缺乏的早期表现。中国营养学会2013年发布的《中国居民膳食营养素参考摄入量》提出了叶酸的参考摄入量(表30)。表30中膳食叶酸当量按式(13)计算。

表30 我国居民膳食叶酸参考摄入量（µg DFE/d）

年龄（岁）	推荐摄入量[1]	可耐受最高摄入量[2]
0 ~	65（AI）	—
0.5 ~	100（AI）	—
1 ~	160	300
4 ~	190	400
7 ~	250	600
11 ~	350	800
14 ~	400	900
18 ~	400	1 000
孕妇	600	1 000
乳母	550	10 000

注：1）1岁以下婴儿的推荐摄入量为适宜摄入量（AI）。2）指合成叶酸摄入量上限，不包括天然食物来源的叶酸量。

$$X = A + B \times 1.7 \tag{13}$$

式中：

X——膳食叶酸当量，单位为µg DEF；

A——天然食物来源叶酸，单位为µg；

B——合成叶酸，单位为µg。

54 维生素C有哪些特点？

维生素C又叫抗坏血酸，因能防止坏血病而得名。其烯醇羟基上的氢易解离，所以具有酸性。自然界中的抗坏血酸有还原型（L-

抗坏血酸）和氧化型（L-脱氢抗坏血酸）2种，均可被人体利用，且可相互转换。维生素C主要有6个方面的功能：①有助于人体创伤的愈合和维护皮肤、毛细血管的弹性。②防止维生素A、维生素E、不饱和脂肪酸的氧化。③防止和改善贫血。④在人体内有解毒功能，并能增强人体抵抗力。⑤降低血液胆固醇含量。⑥参与肾上腺皮质激素的合成与释放。

维生素C广泛存在于水果、蔬菜中。由于蔬菜中存在含铜的酶，所以对维生素C有一定的破坏。许多水果含有类黄酮（属多酚类化合物），可抑制含铜酶的活性，所以水果中的维生素C相对稳定。板栗、草莓、橙、番木瓜、番石榴、红毛丹、荔枝、龙眼、芒果、猕猴桃、柠檬、沙棘、山楂、柿子、鲜枣、杏仁、柚、余甘子等果品维生素C含量都较高，在20mg/100g以上，特别是鲜枣和沙棘，接近或超过了200mg/100g。

中国营养学会2013年发布的《中国居民膳食营养素参考摄入量》提出了维生素C的参考摄入量（表31）。一些特殊人群维生素C摄入量需要增加，例如吸烟者和处于寒冷、高温、急性应急等状态下的人。食物中缺乏维生素C，会出现坏血病，表现为毛细管脆弱、皮肤上出现小血斑、牙龈发炎出血、牙齿动摇等。大剂量服用抗坏血酸对机体有副作用。比如，每日摄入2~8g维生素C，会出现恶心、腹泻、腹部痉挛、铁吸收过度、破坏红细胞、削弱粒细胞杀菌能力，以及形成肾、膀胱结石等。

表31　我国居民膳食维生素C参考摄入量（mg/d）

年龄（岁）	推荐摄入量	可耐受最高摄入量
0~	40（AI）	—

（续表）

年龄（岁）	推荐摄入量	可耐受最高摄入量
0.5 ~	40（AI）	—
1 ~	40	400
4 ~	50	600
7 ~	65	1 000
11 ~	90	1 400
14 ~	100	1 800
18 ~	100	2 000
孕妇	100（早期）	2 000
孕妇	115（中、晚期）	2 000
乳母	150	2 000

注：1岁以下婴儿的推荐摄入量为适宜摄入量（AI）。

55　维生素E有哪些特点？

维生素E又称生育酚，为脂溶性维生素。食物中的维生素E主要包括α-生育酚、β-生育酚、γ-生育酚和δ-生育酚。维生素E在人体内具有多种功能，主要为抗氧化功能。由于维生素E碳环上的羟基易被氧化，对氧气极为敏感，所以常可以保护比它稍难氧化的物质。维生素E的功能具体包括：①保护生物膜。②有利于营养素的安全吸收。③保护含巯基酶的活性。④与动物生育有关。⑤预防癌症和抵抗衰老。

维生素E广泛存在于食物中。动物性食物，如肉、鱼、禽、蛋、奶等，均含有一定量的维生素E。维生素E不集中于肝脏，在脂肪组织中存在较多。植物性食物是维生素E的主要来源，如谷类胚芽、植物油、蔬菜等。植物油是维生素E的良好来源。水果维生素E含量普遍较低，通常在2mg/100g以下，多数水果不足1mg/100g。而坚果维生素E含量则要高得多，例如板栗、核桃、开心果、山核桃、松子、香榧、杏仁、银杏、榛子等坚果，维生素E含量都超过了10mg/100g，香榧可达100mg/100g以上，山核桃可达60mg/100g以上。这可能与坚果（板栗、银杏除外）脂肪含量都很高有关。果品中的维生素E通常以α-生育酚、β-生育酚和γ-生育酚居多，δ-生育酚所占比例相对较低。

　　人体在正常情况下很少发生维生素E缺乏。有的小肠吸收不良患者或膳食因素造成长期维生素E摄入不足，可引起溶血性贫血。早产儿或用配方食品喂养的婴儿，由于体内缺乏维生素E而易患溶血性贫血。中国营养学会2013年发布的《中国居民膳食营养素参考摄入量》提出了维生素E的参考摄入量（表32）。表32中α-生育酚当量按式（14）计算。

表32　我国居民膳食维生素E参考摄入量（mg α-TE/d）

年龄（岁）	适宜摄入量	可耐受最高摄入量
0 ~	3	—
0.5 ~	4	—
1 ~	6	150
4 ~	7	200
7 ~	9	350
11 ~	13	500

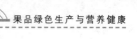

（续表）

年龄（岁）	适宜摄入量	可耐受最高摄入量
14 ~	14	600
18 ~	14	700
孕妇	14	700
乳母	17	700

$$X = A + B \times 0.5 + C \times 0.1 + D \times 0.02 + E \times 0.3 \qquad (14)$$

式中：

X——α-生育酚当量，单位为mg α-TE；

A——α-生育酚，单位为mg；

B——β-生育酚，单位为mg；

C——γ-生育酚，单位为mg；

D——δ-生育酚，单位为mg；

E——α-三烯生育酚，单位为mg。

56　胆碱有哪些特点?

胆碱是一种强有机碱。它是卵磷脂的组成成分，也存在于神经鞘磷脂中，是机体甲基的来源，同时又是乙酰胆碱的前体。食物中的胆碱包括甜菜碱、游离胆碱、甘油磷酸胆碱、磷酸胆碱、卵磷脂和神经鞘磷脂。胆碱主要有6个方面的功能：①构成生物膜的重要组成成分。②促进脂肪代谢。③促进体内转甲基代谢。④预防心血管疾病。⑤促进脑发育和提高记忆力。⑥保证信息传递。

胆碱广泛存在于食物中，如动物的脑、心脏、肝脏、蛋以及绿叶蔬菜等。胆碱在动物的脑和禽蛋的蛋黄中含量最为丰富，可达干重的8%~10%。一般水果中胆碱含量较低，通常不足10mg/100g；坚果胆碱含量较高，一般都在10mg/100g以上，开心果和榛子可接近或超过90mg/100g。果品中的胆碱有甜菜碱、游离胆碱、甘油磷酸胆碱、磷酸胆碱、卵磷脂5种，以卵磷脂和游离胆碱为主。人体也能合成胆碱，所以不易造成缺乏病，但婴幼儿合成能力较低。中国营养学会2013年发布的《中国居民膳食营养素参考摄入量》提出了胆碱的参考摄入量（表33）。

表33　我国居民膳食胆碱参考摄入量（mg/d）

年龄（岁）	推荐摄入量	可耐受最高摄入量
0~	120	—
0.5~	150	—
1~	200	1 000
4~	250	1 000
7~	300	2 000
11~	400	2 500
14~	500（男）、女（400）	3 000
孕妇	480	3 000
乳母	520	3 000

57　果品中含植化物吗？

植化物是植物化学物的简称。除了营养素外，植物中还含有许多植物化学物。植物化学物是植物通过初级或次级代谢而产生的，在植物体内具有生物活性，在植物生长或抵御环境竞争、病原体或虫害的过程中发挥作用。这些化合物往往对人体具有重要的生理功能，诸如预防疾病、促进健康和长寿。果品中有益人体健康的植物化学物主要有酚类物质、类胡萝卜素、植物甾醇等。其中，酚类物质包括类黄酮、花青素、白藜芦醇、大豆异黄酮等，类胡萝卜素包括胡萝卜素、叶黄素、玉米黄素、隐黄素等。胡萝卜素又包括α-胡萝卜素、β-胡萝卜素和γ-胡萝卜素，其代表物质是β-胡萝卜素。

果品中植物化学物的含量通常都比较低，在mg/100g级，大豆异黄酮、叶黄素和玉米黄素的含量更低，通常不足1mg/100g。这里先简要介绍果品中植物甾醇和白藜芦醇的情况，果品中酚类物质和类胡萝卜素的情况随后介绍。据《中国食物营养成分表 标准版（第6版第一册）》，植物甾醇仅存在于菠萝、番木瓜、柑橘、梨、芒果、猕猴桃、葡萄、桃等少数果品中，其含量在10～30mg/100g，主要是β-谷甾醇、菜油甾醇、豆甾醇和β-谷甾烷醇含量相对较低。白藜芦醇类植物化学物主要包括白藜芦醇和白藜芦醇苷，后者较之前者更常见，含量普遍更高。仅部分果品含有白藜芦醇，黑加仑、黄杏、火龙果、脐橙、水蜜桃、小枣、杨梅等水果的白藜芦醇含量均较高，可达100μg/100g以上。不少果品都含有白藜芦醇苷，每百克果品中白藜芦醇苷含量在数微克至上千微克不等，核桃、黄杏、柿子、水蜜桃、甜瓜、柚子等果品白藜芦醇苷含量都可达1 000μg/100g以上。

58 果品中含类黄酮吗?

许多果品都含有类黄酮。果品中的类黄酮主要有杨梅黄酮、槲皮素、玉米黄酮、芹菜配基、坎二菲醇等，杨梅黄酮和槲皮素最为常见，含量也相对较高。许多果品都含有杨梅黄酮，其含量多在5～45mg/100g，菠萝、柑橘、黑加仑、火龙果、梨、莲雾、榴莲、龙眼、苹果、葡萄、石榴、香蕉、枣等果品中含量在35mg/100g以上，特别是火龙果、宽皮橘、石榴、枣等，含量在50mg/100g以上。许多果品都含有槲皮素，含量多在0.6～6.5mg/100g，番木瓜、番石榴、金橘、榴莲、木菠萝、柠檬、桑葚、山楂、石榴、甜橙等果品在5mg/100g以上，特别是金橘、桑葚和山楂，含量接近或超过10mg/100g。某些果品含有玉米黄酮，含量多在0.3～5.4mg/100g，番石榴、橄榄、火龙果、梨、龙眼、芒果、山竹、石榴、柿子、水蜜桃、香蕉、杨梅等果品中含量可达4mg/100g以上，特别是橄榄、芒果、龙眼和山竹，含量均在6mg/100g以上。仅部分果品含有芹菜配基，含量多在0.5～5mg/100g，橄榄、番木瓜、番石榴、李子、柠檬、石榴、枣等果品中含量在4mg/100g以上。仅部分果品含有坎二菲醇，含量多在0.5～2mg/100g，菠萝、草莓、宽皮橘、榴莲、葡萄、石榴、油桃、枣、榛子等果品中含量在1.6mg/100g以上。

59　果品中含花青素吗？

花青素仅存在于部分果品中，如飞燕草素、矢车菊素、芍药素等，含量通常都较低。仅极少数果品中含有飞燕草素，芭蕉、黑加仑、皇帝蕉、磨盘柿、石榴中相对较高，在1mg/100g以上。果品矢车菊素含量多在0.2～32mg/100g，李子、桑葚、山楂、西瓜、杨梅等果品矢车菊素含量均较高，可达25mg/100g以上，特别是桑葚和杨梅，可达100mg/100g以上。仅极少数果品含有芍药素，如黑加仑、桑葚、杨梅、李子、枇杷、番石榴、黄桃、黄杏等，黑加仑和桑葚芍药素含量很高，可分别达到30mg/100g和10mg/100g。

60 水果中有哪些色素?

水果的色泽通常是指果皮的色泽。色泽是决定水果外观品质的重要指标。水果的色泽好坏与其所含色素种类及水平关系密切。决定水果色泽的色素主要有叶绿素、类胡萝卜素、花青素等。苹果无论绿色品种、黄色品种还是红色品种，果皮中都含有类胡萝卜素。当有叶绿素时，类胡萝卜素的颜色被叶绿素掩盖，果实呈绿色。绿色品种果皮中的叶绿素不易降解，所以始终呈绿色。红色品种的果实在接近成熟时，叶绿素降解而花青素含量增加，所以呈红色。黄色品种果皮中叶绿素降解后，没有花青素的积累，表现出类胡萝卜素的颜色。下面分别对3种色素做一简要介绍。

（1）叶绿素　叶绿素是植物绿色构成物质，存在于叶绿体内。在水果中与胡萝卜素等色素共同存在。水果色泽可分为底色和彩色。通常，果实随着发育和成熟，底色由绿色变成黄色，标志着叶绿素消失。叶绿素的消失时间因水果种类而异，有的水果消失于果实成熟之前（如橙），有的水果消失于果实成熟之后（如梨），有的水果与果实成熟同步（如香蕉）。

（2）类胡萝卜素　类胡萝卜素是溶于水的橙色至红色的色素，包括胡萝卜素（α-胡萝卜素、β-胡萝卜素、γ-胡萝卜素）、叶黄素、玉米黄素和隐黄素，其代表物质是β-胡萝卜素。类胡萝卜素存在于质体内，常与叶绿素共存。在果实生长期，光对类胡萝卜素合成的影响是间接的，光合产物的多少可影响到合成类胡萝卜素的原料的多少。高温可抑制类胡萝卜素的形成。所以柑橘等水果只有在秋季温度降下来的时候才有好的色泽。

（3）花青素　花青素是果实呈现紫红色的主要色素，也是极不稳定的水溶性色素。花青素常以糖苷的形式存在，例如矢车菊素—

半乳糖苷、矢车菊素—阿拉伯糖苷等。花青素主要存在于细胞液或细胞质内，其颜色与环境酸碱性有关，酸性条件下呈红色，中性条件下呈淡紫色，碱性条件下呈蓝色。通常，随着果实发育，绿色减退，花青素增多，菠萝则与此相反。花青素的形成要有糖的积累。果实内还原糖不到8%以上葡萄不着色，不到17.5%以上'玫瑰露'葡萄着色不良。处于转色期的苹果，需要光线的直接刺激，方能合成花青素和转色。

61 果品中含叶黄素吗?

叶黄素是一种类胡萝卜素，又称植物黄体素，广泛存在于植物中，是构成植物色素的主要组成成分。自然界中叶黄素常常与玉米黄素共同存在，是构成玉米、蔬菜、水果、花卉等植物色素的主要成分。玉米黄素也是一种类胡萝卜素，与叶黄素是同分异构体，广泛存在于绿色叶类蔬菜、花卉、水果、枸杞和黄玉米中，在自然界中常常与叶黄素、β-胡萝卜素、隐黄素等共存，组成类胡萝卜素混合物。许多水果都含有叶黄素和玉米黄素，但含量普遍较低。草莓、橙、鳄梨、番木瓜、核桃、黑莓、橘子、开心果、蓝莓、梨、李子、芒果、猕猴桃、苹果、葡萄、葡萄柚、树莓、桃、甜瓜、无花果干、西瓜、西梅干、香蕉、杏、杨桃、腰果、樱桃、油桃、榛子等果品中叶黄素和玉米黄素的总含量多在10～130μg/100g，鳄梨、黑莓、开心果、宽皮橘、猕猴桃、树莓、甜橙、西梅干、油桃等果品中含量都很高，特别是烤制开心果，接近1 200μg/100g。

62　果品中含异黄酮吗?

部分果品中含有大豆异黄酮,包括黄豆苷元、黄豆黄素和染料木黄酮,含量极低,通常在1mg/100g以下,黄豆苷元含量普遍高于黄豆黄素和染料木黄酮。果品黄豆苷元含量多在0.02~0.35mg/100g,核桃、荔枝、猕猴桃、磨盘柿、水蜜桃、鸭梨等果品黄豆苷元含量较高,在0.3mg/100g以上,特别是磨盘柿和水蜜桃,接近4mg/100g。果品黄豆黄素含量多在0.01~0.08mg/100g,大枣、核桃、火龙果、金橘、龙眼、猕猴桃、杨梅、杨桃等果品黄豆黄素含量较高,在0.05mg/100g以上,特别是大枣、核桃和杨桃,在0.1mg/100g以上。果品中染料木黄酮含量多在0.01~0.08mg/100g,核桃、金橘、脐橙、山竹、小枣、杨梅、油桃等果品中染料木黄酮含量较高,在0.05mg/100g以上,特别是核桃、乳橘和小枣,在0.1mg/100g以上。

63　蔬菜能代替水果吗?

水果和蔬菜在用途、食用方式和营养成分上均各具特色,两者不能互相替代,也无法互相替代。虽然水果和蔬菜都是食物,而且都不能代替主食,但两者在用途上存在明显差别。蔬菜往往作为配菜与主食(如米饭、面食等)一起食用,有饭必有菜,没菜吃不下饭。水果不能当菜,大多作为休闲食品在饭前、饭后或闲暇时候食用。有时,人们也把番茄和黄瓜当水果吃。水果和蔬菜在食用方式上也有明显差异,除番茄、黄瓜、萝卜等少数蔬菜可直接食用外,绝大多数蔬菜都需要加入佐料进行腌制(如腌酸菜、腌咸菜)、拌制(如凉拌、糖拌)或烹饪(如炒、炖、烤)后才能吃、才好吃。

水果则不同，只要达到适宜成熟度，除皮不可食水果（如菠萝、荔枝、龙眼、芒果、猕猴桃、甜瓜、西瓜、香蕉等）需要去皮和涩柿需要脱涩外，水果几乎都不需要加工处理，也不需要拌制和烹饪，以新鲜状态直接食用。

在营养成分上，水果和蔬菜既有共同点，也有差异，特别是含量水平上往往有差异。这正是为什么提倡平衡膳食，每天都要吃一定量的蔬菜和水果的重要原因。水果和蔬菜所含营养种类差不多，通常都含有蛋白质、脂肪、碳水化合物、膳食纤维、维生素、类胡萝卜素、植物甾醇、类黄酮、矿物质等。两者蛋白质和脂肪含量普遍都很低，但蔬菜中维生素C、胆碱、胡萝卜素、叶黄素、玉米黄素、膳食纤维等的含量普遍高于水果。例如，蔬菜胆碱含量普遍高于水果，近70%的蔬菜胆碱含量接近或超过10mg/100g，而水果胆碱含量通常不足10mg/100g。不溶性膳食纤维具有促进肠道蠕动、清除肠道内积蓄的有毒物质等作用，能有效防治便秘、痔疮和预防大肠癌。蔬菜不溶性膳食纤维含量远远高于水果，大多数蔬菜都在1%以上，高的可达5%，甚至接近或超过10%。蔬菜中矿物质含量也比水果要高很多，在维持人体酸碱平衡方面的贡献比水果大得多。

当然，水果也有其独特之处，比如多数水果中含有各种有机酸，能刺激消化液分泌，有助增进食欲和消化；水果往往含较高水平的可溶性糖，既能愉悦身心，还可为人体补充能量，而蔬菜的含糖量都很低，几乎感觉不到甜味。从上可见，水果和蔬菜由于所含营养成分的差异，水果和蔬菜对人体健康的作用还是存在差异的，加之用途不同，两者不能互相替代。为有利于健康，《中国居民膳食指南（2016）》提倡平衡膳食，最好做到餐餐有蔬菜、天天吃水果，推荐每天摄入300~500g的蔬菜类食物和200~350g的水果类食物（图6）。

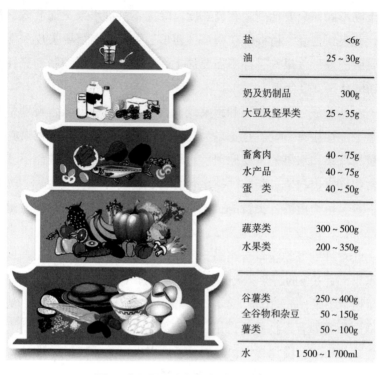

盐	<6g
油	25～30g
奶及奶制品	300g
大豆及坚果类	25～35g
畜禽肉	40～75g
水产品	40～75g
蛋　类	40～50g
蔬菜类	300～500g
水果类	200～350g
谷薯类	250～400g
全谷物和杂豆	50～150g
薯类	50～100g
水	1 500～1 700ml

图6　中国居民平衡膳食宝塔（2016）

64　果汁能代替水果吗？

　　果汁不能完全代替水果，两者不能划等号。水果榨汁是一种加工方式，而几乎每一种水果加工方式都会对水果的营养价值造成或多或少的损失。喝鲜榨果汁摄入的主要是水果中溶于水中的那部分营养，如糖、酸、维生素C等，还有相当一部分营养成分留在了果渣中，包括大部分膳食纤维和部分可溶于水的糖、酸、维生素C等营养成分。所以，喝鲜榨果汁无法摄入新鲜水果中的全部营养。

与吃新鲜水果相比，喝鲜榨果汁的不足，归纳起来主要有以下3个方面：①鲜榨果汁中基本不含水果中的膳食纤维，不能满足人体对膳食纤维的需求。②榨汁时捣碎、压碎等操作会使水果中的某些易氧化的营养成分被破坏，如维生素C、类黄酮等。③果渣留存了大量营养物质，是巨大的损失。④如果为了维持果汁的稳定性或色泽等再额外添加一些稳定剂等物质，更会影响果汁的营养价值。

综上，除了某些特殊人群（如老人、婴儿、病人），由于咀嚼和消化系统不良，喝鲜榨汁更合适外，食用新鲜水果永远是最好的选择。

65　水果都是成碱的吗？

食物的成酸与成碱作用是指摄入的食物经过消化、吸收、代谢后，最终变成酸性或碱性的"残渣"。成酸性食物通常含有丰富的蛋白质、脂肪、碳水化合物，由于其含有氯、硫、磷等成酸性元素，所以在体内代谢后形成酸性物质，可降低血液pH值。成碱性食物通常含有丰富的钾、钠、钙、镁等元素，在体内代谢后生成碱性物质，可提高血液的pH值。体内的成碱性物质只能从食物中直接获取，而成酸性物质既可直接来自食物，也可来自食物在体内代谢后形成的中间产物和最终产物。有人以酸性食物和碱性食物称呼成酸性食物和成碱性食物，这是不恰当的。因为，酸性食物都是成碱性食物，如柠檬等。酸味极强的柠檬中含有的柠檬酸及其钾盐，在体内可彻底氧化，生成CO_2和水，最后留下碱性元素钾，可见柠檬是成碱性食物。所以，酸性食物并非就是成酸性食物。

成碱性食物通常都是植物性食物，例如水果；而成酸性食物通常都是动物性食物，但牛奶是个例外，它是成碱性食物。膳食中成酸性食物摄入过多，会使体内生成的酸性物质增多，消耗体内的固定碱而使机体内pH值环境有可能变成酸性。由于其成碱作用，多吃植物性食物可以中和体内过多的酸，从而有利于降低矿物质在体内与酸形成结石的可能性。所以，多吃水果、蔬菜有益。从维持机体适宜的酸碱平衡来说，以谷类为主，适当摄入富含蛋白质、碳水化合物、脂肪的动物性食物，多吃蔬菜、水果的膳食结构是非常有利于机体健康的。

66　水果的风味有哪些?

　　风味的好坏是影响水果品质和商品价值的关键因素。水果的风味包括甜味、酸味、苦味、涩味、麻味、香气等，主要的是甜味、酸味和香气（也作香味）。有的梨、李子、荔枝、葡萄、柿子可能有涩味，有的柑橘、甜瓜和银杏种仁可能有苦味，有的柑橘可能有麻味。

　　（1）水果的甜味　糖的存在是水果具有味甜的根本原因。水果中所含的糖主要有果糖、蔗糖和葡萄糖，其甜度依次减弱，但风味以葡萄糖最好。蔗糖是最重要的甜味物质，常用它作为比较甜度的标准。水果的甜味固然决定于水果所中含的各种糖，但也决定于水果中所含的各种酸。成熟度、栽培管理条件也影响到果实的甜味。

　　（2）水果的酸味　水果所含有机酸决定着果实的酸味，主要是苹果酸、柠檬酸和酒石酸，此外还有草酸、琥珀酸、奎宁酸等。水果中有机酸的变化趋势是，幼果开始生长时低；随着果实的生长，有机酸含量增加；至成熟时酸味减少。酸味减少的原因，一是有机酸作为呼吸基质被氧化分解掉了，二是部分游离的有机酸转变成了盐。糖酸比是影响风味的主要因素，作为评价水果风味的重要指标，糖酸比的改变将引起水果风味的改变。

（3）水果的涩味 涩味主要来源于单宁。单宁分水解型和缩合型两类，在水果中主要是缩合型单宁。柿果脱涩的原因是可溶性单宁凝聚成不溶性物质，涩味消失。单宁在细胞中呈水溶性，口嚼果肉时，细胞破裂而流出，与口中黏膜蛋白质结合变成有收敛感的涩味。因此，涩柿需经脱涩后方可食用。

（4）水果的苦味 引起水果苦味的物质依不同果树而异。柑橘类果实的苦味主要是柠檬素类和柚皮苷，前者主要含于种子，后者多含于外果皮、内果皮（瓢瓣）等处。杏仁、桃仁的苦味是由苦杏仁苷引起的。甜瓜的苦味主要是由三萜化合物葫芦素B导致的。银杏种仁有甜、微甜、苦和微苦之别，所以有的银杏种仁是苦的。

（5）水果的香气 各种水果均具有特殊的香气。这是水果中含有酯类、醇类、醛类、酮类、萜烯类等挥发性物质的缘故。水果内的香气物质虽然种类很多，但浓度很低。不同种类的水果和同一种类不同品种的水果，其香气类型和强弱往往存在差异。水果的香气生成高峰往往在乙烯高峰之后，所以水果成熟后的贮藏条件能改变芳香物质的类型和生成量。

67 糖影响水果风味吗?

甜和酸是水果最重要的口味感觉，分别由糖和有机酸产生。但水果的甜酸风味并非甜味和酸味的简单叠加，而是糖和酸共同作用的综合结果，既取决于糖和酸的含量水平，也取决于糖和酸的种类及其比例。水果中的糖通常是指可溶性糖，即可溶于水的糖。水果中的可溶性糖主要是葡萄糖、果糖和蔗糖；有的水果还含有山梨醇，例如梨、苹果、桃、杏、樱桃等。其中，果糖和葡萄糖为六碳糖，叫单糖，含有醛基和酮基，容易被氧化，又称为还原糖；蔗糖为十二碳糖，叫双糖，不易被氧化。

不同种类甚至不同品种的水果，可溶性糖构成可能存在差异。多数水果以果糖、蔗糖和葡萄糖中的一种为主。根据含量最高的可溶性糖种类，水果主要分为果糖积累型和蔗糖积累型两类（表34）。此外，还有葡萄糖积累型和单糖积累型。甜樱桃主要含葡萄糖、果糖和山梨醇，葡萄糖含量最高，果糖次之，山梨醇再次，除极个别品种外，均属葡萄糖积累型。蓝莓主要含果糖和葡萄糖，且两者含量基本相当，属单糖积累型。有的水果可溶性糖积累类型不止一种。荔枝主要含果糖、蔗糖和葡萄糖，有蔗糖积累型、单糖积累型、蔗糖与单糖含量相当3种类型。毛叶枣主要含果糖、葡萄糖、蔗糖，多为还原糖积累型，个别品种为蔗糖积累型。

表34　常见水果可溶性糖积累类型

水果	主要可溶性糖	累积类型
苹果	主要含果糖、葡萄糖、蔗糖和山梨醇，果糖占40%以上	果糖积累型
梨	主要含果糖、葡萄糖、蔗糖和山梨醇，果糖占40%～70%	果糖积累型
草莓	果糖占39.1%～57.4%，葡萄糖占33.0%～45.7%	果糖积累型
桃	蔗糖平均占65%以上，通常葡萄糖和果糖含量接近	蔗糖积累型
杏	蔗糖含量最高，其次是葡萄糖和果糖	蔗糖积累型
柑橘	蔗糖含量最高（平均占58%），果糖含量略高于葡萄糖	蔗糖积累型
菠萝	蔗糖含量最高，葡萄糖次之，果糖最低	蔗糖积累型
龙眼	主要含蔗糖、葡萄糖和果糖	蔗糖积累型

水果的甜度和口感与糖组分的种类和构成比例有很大关系。

不同糖组分对甜度的贡献不同，果糖、蔗糖和葡萄糖的甜度分别为1.75、1和0.75。由于果糖甜度高、葡萄糖甜度低，一些果糖含量高的早熟葡萄品种比相同含糖量甚至较高含糖量的品种风味甜，而那些葡萄糖含量高的中、晚熟葡萄品种也不至过于甜腻。高果糖含量有利于甜味的增加，在桃品种选育中可选用果糖含量较高的品种作亲本。越橘主要含葡萄糖和果糖，且二者含量接近，不仅为果实提供高甜度，而且高葡萄糖含量使果实不乏香甜绵软之感。

水果由于所含糖组分比例不同，可溶性糖总含量不能反映其综合甜味，而采用甜味指数则比较合理。甜味指数也作甜度值，按式（15）计算。式（15）中的系数实际上是各糖组分对应的甜度。糖组分对水果甜味的影响还与其味感阈值有关，只有当含量与味感阈值之比大于1时，该糖组分才能对果实甜味产生影响。阈值越小，敏感性越强。果糖、葡萄糖、蔗糖和山梨醇的味感阈值分别为5.70mg/g、11.03mg/g、6.84mg/g和13.68mg/g。

$$X = A + B \times 1.75 + C \times 0.7 + D \times 0.4 \tag{15}$$

式中：

X——甜度值；

A——蔗糖，单位为mg/g；

B——果糖，单位为mg/g；

C——葡萄糖，单位为mg/g；

D——山梨醇，单位为mg/g。

68　酸影响水果风味吗？

水果中的有机酸主要是苹果酸、柠檬酸和酒石酸，此外还有少量的草酸、琥珀酸、奎宁酸等。它们以游离态，与碱形成的盐、酯等多种形态存在。特别是游离酸，可用碱（如氢氧化钠）进行中和滴定的方法加以测定，通常称为可滴定酸，它与糖共同对水果风味起着重要影响。水果中的有机酸一般在果实生长早期即已经形成，随着果实发育、成熟，果实含酸量逐渐降低。水果在成熟时的含酸量，除柠檬、梅等含酸量特别高的水果外，一般小于2%，绝大多数在1%以下。不同种类甚至同一种类不同品种的水果，有机酸构成和含量水平可能存在差异，多数水果以苹果酸或柠檬酸为主。根据含量最高的有机酸种类，水果主要分为苹果酸优势型和柠檬酸优势型两大类（表35）。通常，火龙果、荔枝、龙眼、枇杷、苹果、桃、香蕉、杏、樱桃等水果以含苹果酸为主，菠萝、番石榴、柑橘、石榴、树莓、穗醋栗、无花果、杨梅等水果以含柠檬酸为主。

表35　常见水果有机酸优势类型

水果	主要有机酸	优势类型
苹果	主要含苹果酸，占60%以上，高的可占97%	苹果酸
桃	主要含苹果酸、柠檬酸和奎宁酸，苹果酸平均占50%以上	苹果酸
杏	含苹果酸、柠檬酸和奎宁酸，苹果酸约占66%	苹果酸
樱桃	主要含苹果酸，占94.2%	苹果酸
火龙果	主要含苹果酸、草酸、柠檬酸和酒石酸，苹果酸占80.2%	苹果酸
荔枝	主要含苹果酸、酒石酸和柠檬酸，前二者之比在2.6~5.7	苹果酸
龙眼	平均苹果酸占39.5%，草酰乙酸占18.4%，α-酮戊二酸占16.6%	苹果酸
枇杷	主要含苹果酸、乳酸、草酸和酒石酸，苹果酸约占85%	苹果酸
柑橘	柠檬酸占66%~99%，苹果酸占15%左右	柠檬酸
菠萝	主要含柠檬酸、奎宁酸和苹果酸，柠檬酸占45.7%~76.1%	柠檬酸
杨梅	以柠檬酸为主，占79.6%~93.6%	柠檬酸

除上述两种类型外，还有酒石酸优势型，代表水果为葡萄。葡萄主要含酒石酸、苹果酸和柠檬酸，酒石酸占42.8% ~ 77.0%，苹果酸占10.3% ~ 41.6%，柠檬酸占1.3% ~ 9.9%。有的水果存在不止一种有机酸优势类型。例如梨，有苹果酸优势型和柠檬酸优势型两类，西洋梨以柠檬酸为主，秋子梨、白梨、新疆梨和砂梨选育品种多以苹果酸为主，砂梨地方品种多以柠檬酸为主。蓝莓主要含柠檬酸、奎宁酸和酒石酸，其品种分为柠檬酸优势型和奎宁酸优势型两类。水果不同部位有机酸种类和水平也可能会存在差异。葡萄柚外果皮和中果皮均以苹果酸为主，果汁则以柠檬酸为主。同为柑橘类水果，甜橙的情况有所不同，外果皮以丙二酸为主。菠萝果实基部酸少、顶部酸多，距果心近的部位酸少，距果心远的部位酸多。成熟葡萄果实将近70%的有机酸分布在果皮。

有机酸可促进消化腺活动和增进食欲。水果的酸味和口感与有机酸组分的种类和构成比例有关。有机酸的组分与含量差异使不同类型果实各具独特风味。不同的有机酸，其酸味强度有差异，以含一个结晶水的柠檬酸为基准（定为100），乳酸（50%）、无水柠檬酸、苹果酸、酒石酸和富马酸的酸味强度分别为60、110、125、130和165。柠檬酸产生酸感快、持续时间短；酒石酸稍有涩感，但酸味爽口；苹果酸酸味爽口，微有涩苦，呈味速度较缓慢，酸感维持时间长于柠檬酸；乙酸挥发性和酸味强；富马酸（也作延胡索酸）酸味特殊。有机酸组分对水果酸味的影响还与其味感阈值有关，只有当含量与味感阈值之比大于1时，该酸组分才能对果实酸味产生影响。阈值越小，敏感性越强。苹果酸和柠檬酸的味感阈值分别为0.214 5mg/g和0.441 9mg/g。

69 水果风味还涉及什么？

水果甜酸风味主要由糖、酸含量及其比例决定。通常，含糖量高、含酸量和固酸比中等的水果风味最好。研究显示，含糖量高或极高、含酸量低或中等的梨风味佳；含酸量极高者，无论含糖量高低，风味均不理想；糖酸比小于15者，风味多为甜酸或酸涩；糖酸比在15~25者，风味多为甜酸；糖酸比在25~60者，风味多为酸甜适口；糖酸比大于60者，风味多为淡甜、甜或甘甜。另据研究，糖和酸含量均较低、糖酸比较高的梨，甜度占主导，风味偏淡；糖和酸含量均较高、糖酸比中等的梨，酸甜适口、风味较浓；糖含量较高、酸含量低、糖酸比中等的梨，甜度高、风味较好；糖、酸含量均高，尤其酸含量偏高的梨，风味浓。

对苹果的研究表明，优质苹果的风味以酸甜适度为主，含酸量中等、糖酸比大致在20~60；糖酸比低于20者风味淡或趋酸，高于60者甜味增强；含酸量极高者风味不理想。对柑橘的研究显示，含酸量大于1%的柑橘，只有含糖量大于10%、糖酸比大于8.2时，才适口，否则，味虽浓，但较酸；含酸量小于0.9%的柑橘，若糖含量不足7.5%，尽管糖酸比也大于8.2，但风味较淡；糖酸比大于12的柑橘，风味往往偏甜。对桃的研究发现，南方品种群和蟠桃品种群含酸低，含糖较高，糖酸比值亦高；油桃含酸高，糖酸比低，鲜食品质较差。对于草莓，口感好者有较高的含糖量和糖酸比及较低的含酸量。

水果中含糖量变幅较小，而含酸量变幅较大，因此含酸量是决定糖酸比大小的主要因素。对130余个苹果品种的研究证实了这一点（图7），苹果的糖酸比与可滴定酸含量呈极显著负相关，其与可溶性糖含量的相关系数则要小得多。水果可溶性固形物含量的测定（通常采用折射仪法）远较可溶性糖含量的测定（通常采用菲林试剂滴定法）要简便、快速。对于除桃等少数水果之外的绝大多数水果，其可溶性固形物含量均与可溶性糖含量呈极显著正相关（图8），完全可以用固酸比来代替糖酸比。

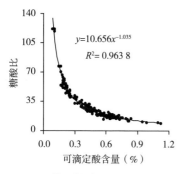

图7　苹果糖酸比随可滴定酸含量的变化

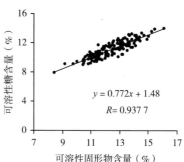

图8　苹果可溶性糖含量随可溶性固形物含量的变化

70　水果香味是怎么来的?

香味是决定水果品质的重要因素。水果之所以有香味，是由于水果中含有芳香物质。不同水果所含芳香物质的种类和水平会有所不同。芳香物质也即香气成分。水果中的香气成分是一些挥发性成分，种类很多，含量极微，多数水果在1mg/100g以下，甚至低于1ng/100g。据测定，苹果中的挥发性气体成分多达200种，橙类果实中有120多种。这些挥发性物质主要包括酯、内酯、醇类、酸类、醛类、酮类、醛缩醇类、烃类等，有的水果还有酚类、醚类、氧杂环化合物等，每一类化合物又包括许多种。例如，苹果挥发性物质中含有20余种酸类化合物（如甲酸、乙酸、丙酸、葵酸、苯甲

酸等）、近30种醇类化合物（如甲醇、乙醇、类醇等）、70余种酯
类化合物（如甲酸甲酯、甲酸乙酯、甲酸丙酯等）、26种羰基化合
物（如甲醛、乙醛、丙醛、丙酮等），此外还含有多种醚类、醛缩
醇类和烃类化合物。再如，甜橙含有酸类、醇类、酯类、羰基化合
物、烃类及其他化合物共计150余种，香蕉含有酸类、醇类、酯类、
羰基化合物等至少有200种。果实的香味是由芳香物质相互配合构
成的，不同的混合比例就会出现千变万化的香味。内源乙烯能诱发
成熟，也可诱发香味散发，香气的生成高峰往往出现在乙烯高峰之
后，水果往往只是在成熟的时候香气大量出现。水果贮藏条件能改
变其芳香物质的种类与生成量。

71 水果硬度与什么有关？

水果硬度是指水果表面单位面积所能承受的压力，分带皮硬度
和去皮硬度两种，后者更常用，一般用果实硬度计测定，以kg/cm^2
为单位。不同树种的水果果肉硬度各异，浆果和柑橘果肉柔软多
汁，苹果、梨等则要求有较高的硬度。果实硬度是果实最主要的内
在品质指标，主要用于衡量果实质地和耐贮性。果实硬度主要与细
胞间结合力、细胞构成物质机械强度和细胞膨压有关。果实细胞间
结合力受果胶的影响。随着果实的成熟，原果胶减少，可溶性果胶
增多，原果胶/总果胶之比下降，细胞间失去结合力，果肉变软。不
同种类果实果胶分解速度差异很大，分解最快的是浆果，其次是核
果，最慢的是苹果、梨，果胶分解速度的差异是果肉变软速度不同
的主要原因。在细胞壁的构成物质中，纤维素的含量与果实硬度关
系很大。例如成熟的西洋梨，半纤维素类含量变化不大，但纤维素
含量下降。细胞壁中也含有果胶质，主要是原果胶，具有使纤维素

黏合的作用，其变化与果肉质地有很大关系。细胞壁中的木质素和其他多糖类物质也与细胞的机械强度有关。灌水或降雨多的果园，果实水分多、果个大、果肉细胞体积大、膨压低，果肉硬度小。灌水或降雨少的果园，果实水分少、果个相对较小、果肉细胞体积小、膨压高，果肉硬度大。

72　什么熟期的水果好?

果实从盛花至发育成熟所经历的时期叫果实生育期，单位为天(d)。对于同一种水果，品种不同其果实生育期往往存在差异，坚果也一样。人们通常根据果实生育期的长短对品种进行熟期划分，果实生育期越长，熟期越晚，反之亦然（表36）。绝大多数水果的品种熟期都分为极早熟、早熟、中熟、晚熟和极晚熟5个等级，苹果还划分有中早熟和中晚熟两个熟期。

表36　水果熟期评价标准

熟期	苹果（d）	梨（d）	李（d）	杏（d）	葡萄（d）
极早		≤80	≤80	≤60	≤100
早	≤85	81～110	81～90	61～70	101～120
中早	86～110				
中	111～140	111～140	91～100	71～80	121～140
中晚	141～155				
晚	156～165	141～170	101～110	81～90	141～160
极晚	>165	>170	>110	>90	>160

　　不同熟期的品种，其果实品质有差异。通常，熟期越早品质越差，熟期越晚品质越好。这是因为，熟期早，果实生育期短，果实中积累的营养物质少；相反，熟期晚，果实生育期长，果实中积累的营养物质多。一个很显见的例子就是，桃、油桃、樱桃等核果类水果的一些早熟品种，果实发育和品质都不是太好，种子发育不全或败育，核壳很软，果实小，含糖量低，风味淡，晚熟品种则往往品质很好，而且果实也比较大。

　　对近百个不同熟期苹果品种果实可溶性固形物含量的统计分析发现，果实可溶性固形物含量随着果实生育期的增加而增加，两者有极显著的正相关关系（图9）。可溶性固形物含量是反映苹果品质最重要的指标，通常，可溶性固形物含量越高，苹果品质越好。

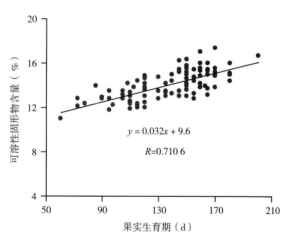

$y = 0.032x + 9.6$

$R = 0.710\,6$

图9　苹果不同果实生育期品种的可溶性固形物含量

73 新鲜水果应怎么选?

挑选新鲜水果,关键在果形、色泽、质地和气味。

(1)看果形 不买果形异常的水果。每种水果都有其特有的形状、大小和重量。果实畸形或太小都说明发育不正常,这样的果实往往品质较差。果实过大也不好,往往不充实、肉质疏松、风味偏淡。用手掂,"实沉"的果实通常营养足、水分多,比较新鲜;而比同样大小的果实明显偏轻的,则可能是存放太久、营养成分和水分已大量损耗所致。

(2)观色泽 不买色泽异常的水果。未成熟的果实大多为绿色,这是叶绿素的颜色。随着成熟度的增加,叶绿素逐渐分解,呈现出黄、橙色的类胡萝卜素的颜色(比如香蕉、柑橘、菠萝、枇杷、黄樱桃等)或红、紫色的花青素的颜色(如草莓、苹果、葡萄、红樱桃等)。着色不充分的水果,往往发育不充分、未达最佳品质。新鲜水果在存放过程中往往会由于失水、萎蔫而逐渐失去光泽,颜色也可能由于光解而逐渐变淡。

(3)摸软硬 不买质地异常的水果。水果在成熟过程中由于原果胶逐渐转变为可溶性果胶、淀粉逐渐转变为糖,果实硬度会逐渐降低。用手触摸果实,过硬表示果实尚未达到最佳食用成熟度,过软表示果实已经过熟、品质已开始变劣。

(4)闻气味 不买风味异常的水果。水果成熟过程一般包括质地变软、果皮转色、香气变浓、糖度增加、酸度降低、苦涩味消除等。正常发育和成熟的水果往往会散发出其特有的香味或气味。若水果出现异味,表明果实生长发育不正常或存放时间较长、品质已开始下降。

除上述要求外,挑选的水果还应果实完整,没有伤痕(包括刺伤、划伤、碰压伤等）和病虫害（包括害虫、虫孔、病斑等），蓝莓、李子、枇杷、葡萄、穗醋栗等有果粉的水果还应果粉完整。果面洁净，没有尘土、锈斑、药斑和异常外部水分。色泽鲜艳，没有萎蔫、皱缩、腐烂、过熟、褐色等现象。风味正常，具有本品种成熟时固有的香味和气味，无异常气味或滋味。

74 果粉是种什么物质？

蓝莓、李子、枇杷、葡萄、穗醋栗等水果上往往覆有一层似白霜的粉末状物质，称作果粉，也叫果霜。果粉为蜡质保护层，在果实发育过程中天然形成，自然均匀地覆盖在整个果实表面。果粉不溶于水，可避免果实表面形成潮湿环境，因而能减少病菌入侵为害。果粉的存在还能减少果实水分蒸发，保持果实采摘后的水分含量和新鲜度。不同品种间果粉厚薄有差异。蓝莓和穗醋栗上分为3级，无、薄、厚。李子上分为4级，无、薄、中、厚。葡萄上分为3级，薄、中、厚。枇杷上分为2级，薄和厚。

果粉已作为外观品质指标列入蓝莓和葡萄的产品标准。国家标准《蓝莓》（GB/T 27658—2011）要求优等品和一等品应果粉完整。国内贸易行业标准《预包装鲜食葡萄流通规范》（SB/T 10894—2012）要求一级果应果霜均匀、完整。除上述新鲜水果外，柿子加工品白柿饼上也有白色似霜物质，即柿霜。它是柿子制成白柿饼时在柿饼外表生成的白色粉霜。国家标准《柿子产品质量等级》（GB/T 20453—2006）要求特级白柿饼应柿霜洁白、覆盖面80%以上，一级白柿饼应柿霜白或灰、覆盖面在50%以上。柿霜还可治疗喉痛、咽干、口疮等。

有些水果在生产过程中会使用波尔多液防治病害，对于未套袋的果实，施用后很可能会在果实表面残存白色粉末状物质，形成药斑。例如，葡萄生产过程中可用波尔多液防治霜霉病、酸腐病、黑痘病等病害。如何区分果粉和药斑，关键要看是否均匀和完整。果粉会均匀地附着在果实表面，且不会遮盖果实表皮本身的颜色。而药斑往往仅存在于果实的部分果皮上，且厚薄不均，并会遮盖果实表皮本身的颜色。水果食用前往往要进行清洗。由于果粉不是水果的营养物质，水果清洗过程中将其洗掉也无妨。

75 家庭怎么保存水果？

对于消费者来说，水果最好是即买即食，不提倡在家里长期存放。这因为，水果在存放过程中会质量变劣，甚至发生腐烂。因此，家里存放水果通常都是短期的暂时保存。水果保存的质量好坏和时间长短主要取决于保存的温度和湿度。对于新鲜水果，一般是装入塑料袋后保存，以利保湿。水果保存温度应尽可能低，以使水果降低呼吸、延缓衰老，从而延长保存期，一些水果的适宜冷藏条件参见附表13。值得注意的是，水果的耐贮性与果品种类、树种、品种、生长条件、栽培技术、成熟度、采收期等都有关系。例如，干果比鲜果耐贮，仁果类水果比核果类水果耐贮，高海拔干旱地区生产的苹果比低海拔平原地区生产的苹果耐贮，保护地水果通常不如露地水果耐贮，套袋果不如免套袋果耐贮，过早或过晚采摘的水果都不耐贮。

水果的贮藏温度与其生长环境有关。原产于寒、温带的苹果、梨、葡萄、猕猴桃、核果类水果等许多水果的适宜贮藏温度略高于其冰点温度，可在冰箱的冷藏室里保存。而原产于热带和亚热带的水果，由于在较高的温度下生长发育，对低温比较敏感，适宜贮藏温度均高于冰箱冷藏室温度，应保存在较高的温度条件下，例如放在室内阴凉的地方。若将热带和亚热带水果长时间放在冰箱中冷藏，往往会发生冷害。例如，菠萝、番木瓜、芒果和香蕉长时间放在冰箱中冷藏，会使果皮凹陷，易起斑点或褐变；荔枝、龙眼和红毛丹在1～2℃下保存，外果皮颜色会变暗，内果皮则会出现一些像烫伤了一样的斑点；菠萝在6～10℃下保存，不仅果皮会变色，果肉也会呈水浸状。

76　水果应该怎么清洗?

在水果生产和贮运过程中，通常需要使用化学农药来防治病虫害。而化学农药使用后有可能会在水果表面形成残留。如何除去水果表面的农药残留，主要有两种方法，一是削皮，二是清洗。清洗不仅能去除水果表面残存的农药，而且还能洗掉其上附着的尘土和污垢。水果清洗主要有3种方法，清水冲洗、盐水清洗和使用清洗剂。农药种类很多，性质也不一样，大致可分为水溶性和脂溶性两类。清水冲洗不但能够清洗掉水溶性农药，脂溶性农药的清洗效果也能达到令人满意的程度。盐水较易清除某些水溶性农药，但脂溶性农药反而清洗不干净。清洗剂对脂溶性农药的清洗效果比清水冲洗好，但因水果上有清洗剂留存，还得用大量清水来洗除清洗剂。可见，水果上的农药残留最好采用清水冲洗的方式进行清洗。

需要注意的是，清洗水果所用清洗剂应符合国家标准《果蔬清洗剂》（GB/T 24691—2009）的要求。例如，在材料方面，水果清洗剂产品配方所用表面活性剂的生物降解度应不低于90%；所用材料应使水果清洗剂产品配方的急性经口毒性LD_{50}大于5 000mg/kg；所用防腐剂、着色剂和香精应符合GB 14930.1《食品工具、设备用清洗剂卫生标准》的要求。此外，该标准还对水果清洗剂的感官指标、理化指标和微生物指标做出了具体规定。

77 吃多少水果算够量？

水果类食物包括新鲜水果、干制水果和水果罐头。中国营养学会《中国居民平衡膳食宝塔（2016）》提出，我国居民最好每天食用水果类食物200～300g。根据2009—2015年第五次总膳食研究对我国20个省（自治区、直辖市）的调查，我国居民水果类食物平均消费量为82.1g/d，仅达推荐消费量的27%～41%，反映我国居民水果类食物摄入严重不足。该调查还显示，不同地区间水果类食物消费量存在差异，最高为北方一区（黑龙江、辽宁、河北、吉林、北京），136.6g/d；第二是南方一区（江西、福建、上海、江苏、浙江），103.2g/d；第三是北方二区（河南、陕西、宁夏、青海、内蒙古），62.0g/d；最低为南方二区（湖北、四川、广西、湖南、广东），26.7g/d。男女居民间水果类食物消费量也存在差异（表37），"13～19岁"年龄组的水果类食物消费量，男性居民明显高于女性居民；而"20～50岁"年龄组和"51～65岁"年龄组的水果类食物消费量，都是女性居民明显高于男性居民。从该调查结果可以看出，我国无论哪个地区和哪个消费人群，其水果类食物消费量都亟待提高，尤其是该调查中的北方二区和南方二区这样的地区，需要在现有基础上增长数倍，水果类食物的摄入量才能达到比较充足的水平。

表37　各性别/年龄组水果类食物消费量

年龄组	男性居民（g/d）	女性居民（g/d）
2～7岁	65.8	
8～12岁	101.0	
13～19岁	122.5	110.8
20～50岁	78.0	107.0
51～65岁	80.2	86.2
>65岁	64.4	64.7

78　水果都需去皮吃吗?

水果分为皮可食水果和皮不可食水果两类。皮可食水果包括草莓、醋栗、橄榄、枸杞、蓝莓、梨、李子、莲雾、枇杷、苹果、葡萄、桑葚、山楂、树莓、桃、柿子、无花果、杏、杨梅、杨桃、樱桃、油桃、枣等。皮不可食水果包括菠萝、菠萝蜜、鳄梨、番荔枝、番木瓜、番石榴、红毛丹、黄皮、火龙果、荔枝、榴莲、龙眼、芒果、猕猴桃、山竹、石榴、西番莲、香蕉、椰子等。柑橘类水果比较特殊，橘、柑、橙和柚均去皮食用，而柠檬和金柑通常带皮食用。瓜类水果（西瓜和甜瓜）虽然皮可吃，但吃瓜时一般不吃皮。枇杷虽然是皮可食水果，但因果皮有涩味，一般去皮食用。

对于皮不可食水果，不必多言，当然要去皮后食用。对于皮可食水果，应尽可能带皮食用，而且草莓、枸杞、蓝莓、桑葚、山楂、树莓、樱桃、枣等许多水果，很难去皮。对于皮可食水果，虽然有人也去皮食用，但从营养学角度讲，这是种浪费。去皮会损失掉果皮中所含膳食纤维、类黄酮、矿物质等众多营养物质，这些营养物质往往比果肉中多，甚至只存在于果皮中。例如，红色苹果的花青素就只有果皮中才有。去皮后食用还会改变水果的风味，往往不如带皮食用风味好。之所以要去皮食用，绝大多数人认为水果皮上有农药残留，去皮食用安全。其实，这种担心大可不必。这是因为，通常情况下，绝大多数水果上的农药残留都很低，甚至没有。即使有农药残留，只要适当清洗，其安全性也是有保障的。因此，对于皮可食水果，建议吃前清水冲洗、吃时带皮食用。

79　水果种子可以吃吗？

种子是果树的繁殖体。通常，坚果的种子都可以吃，如澳洲坚果、巴西坚果、板栗、扁桃、核桃、开心果、仁用杏、松子、香榧、腰果、椰子、银杏、榛子等。银杏因含氢氰酸、银杏酸、银杏酚酸、白果二酚、4-甲氧基吡哆醇、致敏蛋白等有毒有害成分，不宜生食和多食。水果主要吃果肉，种子能不能吃，因种类而异。通常，浆果类水果的种子都可以吃，如草莓、醋栗、蛋黄果、番木瓜、番石榴、黄皮、火龙果、蓝莓、莲雾、猕猴桃、葡萄、蒲桃、人心果、桑葚、沙棘、石榴、树莓、穗醋栗、无花果、西番莲、香蕉、杨桃等。大多数浆果类水果的种子都小而软、且无苦涩等异味，可和果肉一起吃下去。柿子的成熟种子种皮坚硬，一般不吃。葡萄、石榴等浆果，种子大而硬，通常也不吃，但因富含蛋白质、不饱和脂肪酸、原花青素、维生素、白藜芦醇等营养功能成分，可用于生产功能食品或提取功能成分。西瓜和甜瓜的种子也可以吃，由于大而坚硬，一般也不吃，但可作为瓜子食用。

除浆果类水果和瓜类水果之外的其他水果，其种子通常都不能食用或不宜食用。特别是有的水果，其种仁中有些成分为天然有毒物，误食后会中毒。以苦杏仁中毒较多见，其次还有苦扁桃仁、苦桃仁、李子仁、枇杷仁、苹果仁、樱桃仁等果仁引起的中毒。这些果仁含有苦杏仁苷，咀嚼时所含苦杏仁苷会分解成葡萄糖、苯甲酸和氢氰酸，氢氰酸被口腔和肠胃黏膜吸收后引起中毒，应慎食。氢氰酸属于剧毒类物质，对人体危害大，摄入量达到一定水平就会引起呼吸停止而死亡，成年人服用0.05g就会丧命。民间制作杏仁茶、杏仁豆腐时，杏仁要经过加水磨粉煮熟。中药用杏仁是经过炒制的，而且熬药时还要加热。因而，氢氰酸已基本挥发完，不致引起中毒。另外，柑橘类水果的种子大多因含有柠檬苦素而有苦味，一般也不吃。

80 畸形水果可以吃吗？

所谓畸形水果，是指形状明显有别于本品种正常果形的水果。产生畸形果的原因是多方面的，归纳起来主要有以下4个方面。一是授粉受精不良。多数果树坐果需要胚和胚乳的正常发育，胚或胚乳如果发育受阻，果实常常发育不全、呈畸形、易脱落。胚或胚乳发育受阻的原因主要是缺乏营养、低温伤害、光照和供水不足。二是植物生长调节剂使用不当。例如，植物生长调节剂使用浓度过高或喷布不均匀；使用植物生长调节剂后，瓜果留量不当，肥水失调；用赤霉酸涂抹梨果柄时，药剂触及了果实表面；花期前后使用植物生长调节剂能使受粉不良的畸形果保留下来，应及时疏除。三是肥水管理不到位。对于树势衰弱的果树，如果负载量过大、肥水不足，树体营养无法满足果实生长发育需要，导致果实发育不正常，容易形成畸形果。此外，还存在养分供应失衡的问题。例如，草莓花芽分化期如果氮、磷等养分供应过量，会使花芽分化过多过快，导致弱势花增加，畸形果比例上升。四是病虫为害和机械损伤。果实发育过程中如遇害虫叮咬、日灼、冰雹、刺伤、划伤、磨伤、挤压等，都可能使果实或果面发育不正常，形成畸形果。

从上述畸形果成因看，畸形果与安全没有直接关系，更多地是对品质的影响。所以，畸形果通常是可以吃的。但是，由于是畸形果，发育不正常或是没有得到充分发育，往往外观难看、营养亏缺、品质不佳、风味不好，瘦小的畸形果尤其如此。因此，在有好果的情况下，不建议选购和食用畸形果，毕竟"歪瓜裂枣"总是不好。

81　吃啥水果可能上火？

按照食用后人体的反应，中医将水果分为性寒、性平和性温3类。性寒的水果不仅不会使人上火，还能降火，往往低热量、低糖分、低脂肪、多纤维，主要有火龙果、梨、猕猴桃、山竹、柿子、甜橙、西瓜、香瓜、香蕉、柚子等。性平的水果适合各种体质的人食用，主要有菠萝、蓝莓、芒果、枇杷、苹果、葡萄、青梅、桑葚、无花果、杨桃等。性温的水果易使人上火，往往高热量、高糖分，主要有番木瓜、橄榄、柑类、红毛丹、金柑、橘子、李子、荔枝、榴莲、龙眼、山楂、石榴、桃、乌梅、杏、杨梅、樱桃、枣等。由于性温的水果吃后易上火，不宜吃得过多，尤其热体质的人。上火的原因绝大多数都是因为这些水果含糖量和热量太高，身体内的水分不能够溶解这么多糖分所致。上火的症状表现为口干舌燥、口腔溃疡、舌质红、舌苔黄、咽喉疼痛、便秘等。上火后多吃性寒的水果有利于降火。

82　吃果品要看体质吗?

中国是世界第一大果品生产国和消费国，果品产量约占全球的1/4。我国不仅果品供应充足，而且种类丰富，作为商品栽培的果品超过70种。中医认为，人的脏腑体质有阴阳之别，果品也有温寒之分。果品按性质可分为性温果品、性平果品和性寒果品3类。性温果品有板栗、番木瓜、橄榄、柑类、红毛丹、金柑、橘子、核桃、李子、荔枝、榴莲、龙眼、山楂、石榴、桃、乌梅、香榧、杏、杨梅、椰子、樱桃、枣等。性平果品有白果、菠萝、蓝莓、芒果、枇杷、苹果、葡萄、青梅、桑葚、无花果、杨桃等。性寒果品有火龙果、梨、猕猴桃、山竹、柿子、甜橙、西瓜、香瓜、香蕉、柚子等。

按照中医的"体质理论"，人的体质分为寒、热、中性3种。体质寒虚的人（如怕冷、畏寒、出汗少、易腹泻的人），应选择偏温热性的果品。对于胃寒的人，吃梨、猕猴桃等寒性果品，会产生腹泻现象；吃香蕉不仅会加重腹泻，还会有腹痛感。胃酸过多和胃寒的人，吃酸味凉性水果会有不适之感。热体质的人要多吃偏凉性的水果，不仅不会腹泻，而且会感到很舒服；若吃偏温热性的水果则易上火、便秘或发烧。身体瘦弱的人，宜多吃含糖、蛋白质、脂肪较多的干果。身体较胖的人，宜食含糖少、含酸多的水果。

另外，有的病人吃水果时要多加注意。有糖尿病和肥胖病的人，不宜吃高糖果品。患贫血病的人，不要吃柿子，因为柿子里的鞣酸会妨碍铁的吸收。服用抗生素的人，不宜吃酸味水果，因为酸味会降低药效。患细菌性痢疾、病毒性肠炎、水泻等症时，不宜生食水果和吃高纤维食物。在南方，有的人喜欢口嚼槟榔。有调查指出，嚼槟榔与口腔、喉、食道和胃肿瘤发生有关，尤以女性发病率较高，应尽量避免。

83 吃菠萝应注意什么？

菠萝（*Ananas comosus* Merr.）属凤梨科（Bromeliaceae）凤梨属（*Ananas*）植物，我国主要产于广东和海南，产量占全国的90%以上。菠萝果形美观、汁多味甜、香气特殊。菠萝有健胃、助消化、止咳、利尿作用。菠萝具有清热解暑、消食止泻等功效，主治中暑、支气管炎、口干咽燥、心烦不安、咽喉肿痛、肠炎腹泻等症。新鲜菠萝含有菠萝蛋白质酶、苷类等物质，食用不当容易出现头晕、腹痛、呕吐、口舌发麻等症状，严重的甚至可能出现呼吸困难、休克。有的人吃菠萝会过敏，原因是菠萝含有菠萝蛋白质酶，这种酶对口腔黏膜和嘴唇幼嫩表皮有刺激作用，使口腔和嘴唇有麻木刺痛感。一般食用半小时至一小时后急剧发病，表现为呕吐、腹痛、皮肤发痒、呼吸困难，甚至休克，应及时进行治疗。盐水能破坏该酶的活性，菠萝食用前一定要削净果皮、鳞目须毛及果丁，果肉切片或切块后，用盐水浸泡半小时左右，再用凉开水洗去咸味，不仅能去除过敏原，而且味道更甘美。皮肤患湿疹、疮疥者不宜多吃菠萝。

84 吃菠萝蜜应注意什么？

菠萝蜜（*Artocarpus helerophyllus* Lam.）属桑科（Moraceae）木菠萝属（*Artocarpus*）植物，又名木菠萝，我国主要产于海南、广东等地。据《本草纲目》等记载，菠萝蜜果实能"止渴、解烦、醒酒、益气、令人悦泽"。菠萝蜜含糖量很高，糖尿病人不能吃。菠萝蜜切开时，会从果皮、果肉中流出大量白色胶体，刺激皮肤产生瘙痒。皮肤容易过敏的人最好不要切菠萝蜜；先少量品尝，确定不会过敏后再吃。菠萝蜜食用前应先将果肉放入淡盐水中浸泡数分钟，以免食用后发生过敏反应。菠萝蜜水分少，糖分很高，不好消化。当菠萝蜜和蜂蜜一起吃下时，会不断地产生气体，加重肠胃负担，造成饱腹、肿胀等症状，进而引起腹泻，而人的胃根本承受不了这种肿胀，严重者可导致腹胀而死。消费者切记，菠萝蜜不可与蜂蜜混吃。

85　吃柑橘应注意什么？

柑橘（*Citrus* spp.）多属芸香科（*Rutaceae*）柑橘属（*Citrus*）或金柑属（*Fortunella*）植物，是我国第二大水果，分为6类，橘、柑、橙、柚、柠檬/莱檬和金柑。橘和柑易剥皮，统称宽皮柑橘。橙、柚等不易剥皮，称为紧皮柑橘。柑橘所含类胡萝卜素和维生素C是有效的抗氧化剂，可延缓人体衰老，增强人体免疫功能，促进健康。柑橘所含类黄酮可形成维生素P，对维持血管壁韧性和调节渗透压有重要作用。柑橘中的有机酸能促进消化和维持人体酸碱平衡。柑橘可入药，如陈皮、橘络、化州橘红、枸橘等，具有理气止痛、消积化滞、散寒消痰、止喘、促进食欲等功效。

医学上不主张一次吃过多的橘子、柑子或橙子，否则易引起大量的维生素A原（胡萝卜素）在血液中来不及被肝转化为维生素A，结果维生素A原就会在皮肤中潜伏，使皮肤发黄，严重的还会出现恶心、呕吐、食欲不振等"橘子病"。吃完柑橘应及时刷牙漱口，否则牙齿很快就会被染黄，且不易褪去，医学上称其为"果汁黄"。牙痛、胃寒、胃酸过多、痰湿和糖尿病患者忌食柠檬。关节炎患者食用柠檬会加重疼痛。服药期间忌食柚子，因为柚子含有大量可抑制肠道的酶，可致药物"过量"，而导致药物中毒。吃酸的柑橘前后1h内不要喝牛奶，因为牛奶中的蛋白质遇到果酸会凝固，影响牛奶的消化吸收。饭前或空腹时不宜吃过酸的柑橘，否则柑橘所含的有机酸会刺激胃黏膜，对胃不利。宽皮柑橘全是"上火"的。紧皮柑橘则是"不上火"的。橘子性偏温，多吃易上火。橘子不宜与螃蟹同食，也不可与槟榔同食。小儿过量食用橘子易造成积滞。

86　吃火龙果应注意什么？

火龙果（*Hylocereus undulatus*）属于仙人掌科（Cactaceae）量天尺属[*Hylocereus*（Berger）Britt. et Rose]植物，分红皮白肉、红皮红肉和黄皮白肉3种，我国主要产于广西、海南、广东、贵州等地。火龙果营养丰富，低聚糖含量可达9%，膳食纤维含量可达3%（红肉）和1%（白肉）。红肉火龙果的果肉含有丰富的天然色素（紫红色的甜菜花青素和黄色的甜菜黄素），还含有黄酮类化合物。火龙果种子富含不饱和脂肪酸，脂肪酸中不饱和脂肪酸可占80%。火龙果在预防心脑血管疾病和高血压、降低血液胆固醇、润肠通便、清热降火、润肺止咳等方面有特殊功效，对便秘和糖尿病有辅助治疗作用。

火龙果虽然很好，但能不能吃、吃多吃少，因人因时而异。①火龙果不能与牛奶同食。火龙果中的维生素C会使牛奶中的蛋白质变性结块，而影响其消化。②火龙果属凉性，寒性、气郁、痰湿、瘀血等体质人群不宜多食火龙果。③月经期女性不宜食用火龙果，以免行经不畅。④糖尿病人不宜多吃火龙果。火龙果中所含糖分以葡萄糖为主，几乎不含果糖和蔗糖，葡萄糖容易被吸收，食用过多易使血糖上升。⑤火龙果富含植物性白蛋白，过敏体质孕妇慎食。

有的人吃红肉火龙果后尿液会变红。不排除人食用红肉火龙果后，尿液被火龙果中含量特别高的花青素"染红"的可能性。尿液是人体循环系统的"清道夫"，其中，95%是水，5%是代谢物。在5%的代谢物中，如果含有较高浓度的花青素，尿液就可能变成红色。但食用红肉火龙果后尿液是否会被"染红"，与人体对花青素的吸收、分解代谢能力有关，对花青素吸收、分解代谢能力弱的人较有可能出现这种现象。另外，这种尿液被"染红"的现象只是暂时的，多喝几杯水，尿液颜色就会慢慢恢复正常。

87　吃荔枝应注意什么？

荔枝（*Litchi chinensis* Sonn.）属无患子科（Sapindaceae）荔枝属（*Litchi*）植物，我国主要产于广东、广西、福建和海南，占全国产量的95%以上。荔枝瓤厚而晶莹、爽脆多汁。荔枝有补气健脾、养血益肝、止渴、益智、通神、解毒、止泻等功效，主治脾虚久泄、呃逆不止、血虚崩漏、小儿遗尿、瘰疬、痘疹等症。荔枝对大脑细胞有补养作用，有利于皮肤细胞的新陈代谢和改善色素的分泌、沉积。

荔枝多食会生内热，导致上火。有阴虚火旺引起的咽喉干痛、齿龈肿痛、鼻出血等症的人，忌食荔枝。荔枝一次暴食过多，易患"荔枝病"（即突发性低血糖病）。这是由于大量进食荔枝后果糖进入血液，肝脏中的葡萄糖转化酶来不及将大量果糖转变为人体可以利用的葡萄糖，使大量果糖潴留血液内，轻者恶心、出汗、口渴、乏力，重者头晕、昏迷。尤其儿童，肝脏处于生长发育阶段，体内葡萄糖转化酶较少，更不宜多食。若因多食荔枝而致上火发热者，可水煎荔枝壳饮用，即可治愈。荔枝含糖量高，且以果糖为主，糖尿病患者忌食。

88　吃榴莲应注意什么？

榴莲（*Durio zibethinus* Murr.）属木棉科（Bombaceae）榴莲属（*Durio*）植物，我国广东、广西、海南、云南、台湾等地有栽种。榴莲闻着臭吃着香，味道鲜美，香醇可口，甜润如蜜，滑似脂膏，吃过之后唇齿留香。榴莲能健脾补气、补肾壮阳、温暖身体，有活血祛寒的功效，主治暴痢和心腹冷痛，对痛经有缓解作用。

榴莲性温热，多吃易上火，咽干舌躁、喉痛干咳、热病体质、阴虚体质者慎用。热性体质、喉痛咳嗽、感冒、阴虚体质、气管敏感者吃榴莲会令病情恶化。若榴莲不慎吃过量，以致热痰内困、面红、胃胀，应立即吃几个山竹化解，因为山竹属至寒之物，可克制榴莲之热。也可用榴莲皮加盐煮水服。吃完榴莲后多喝水，或多吃些梨、西瓜等含水分比较多的水果，也能解除燥热。

榴莲糖分含量高，肥胖、高血压和糖尿病患者宜少吃。榴莲钾含量较高，肾病、心脏病人宜少食。榴莲富含纤维素，在肠胃中会吸水膨胀，过多食用会阻塞肠道、引起便秘，因此，便秘和痔疮患者不宜食用。榴莲不可与酒一起食用，因为酒与榴莲皆属热燥之物。糖尿病患者若榴莲与酒同吃，会导致血管阻塞，严重的会有爆血管、中风出现。

未开口的榴莲，不成熟的有一股青草味，成熟的散发出榴莲固有的香气。购买未成熟的榴莲，回家后用报纸包住，点燃报纸，待燃完后另用报纸包好，放在温暖处，一两天后能闻到香味证明已经成熟，想吃时提起来在地上轻摔，摔出裂口，从裂口处撬开即可食用。若闻到榴莲带酒精味或馊味，则表示已变质、不能吃。

89　吃龙眼应注意什么？

龙眼（*Dimocarpus longan* Lour.）属无患子科（Sapindaceae）龙眼属（*Dimocarpus*）植物，别名桂圆、益智，是常见亚热带水果，我国主要产于华南、华东和西南亚热带地区。龙眼肉质鲜嫩、色泽晶莹、甜味浓郁、鲜美爽口，既可鲜食，也可加工成桂圆干、桂圆肉、糖水罐头等。龙眼自古以来就被视为滋养佳品。龙眼有补心宜脾、养血安神的功效；含有的尼克酸可使血管保持良好功能，含有的维生素K能帮助肝脏合成凝血酶原。龙眼可作为治疗神经衰弱、贫血、病后体虚、产后血亏等症的滋补品。龙眼味甘甜而润，过多食用易生内热、滞气、胃腹胀满、食欲减退。胃热多痰、心肺火盛者忌食。患痤疮、皮肤疖肿、盆腔炎、月经多者忌食。凡风寒感冒、消化不良、舌苔厚腻的人皆应忌食。有痰火和湿滞停饮者慎食。龙眼能助心包之火，小儿、青年体质者应少吃，以免生热。

90　吃芒果应注意什么？

芒果（*Mangifera indica* L.）属漆树科（Anacardiaceae）芒果属（*Mangifera*）植物，我国主要产于海南、广西、广东、云南和四川，占全国产量的95%以上。芒果果皮有青、黄、深红、浅绿等色。芒果味道不尽相同，有的有菠萝的滋味、香蕉的馥郁、蜜橘的甘甜；有的甜度高，吃起来像水蜜桃；有的略带杏或李子的味道。芒果胡萝卜素含量极高，可达900μg/100g。芒果含有芒果酮酸、异芒果醇酸、阿波酮酸、阿波醇酸等三萜酸，以及没食子酸、间双没食子酸、没食子鞣质、槲皮素、异槲皮苷、芒果苷等多酚类化合物，这些化合物均具有药理作用。芒果具有益胃、解渴、利尿、止晕、止呕等功用，还有抗癌的作用。

芒果含有果酸、氨基酸、蛋白质等刺激皮肤的物质。未完全成熟的芒果中有醛酸，会对皮肤黏膜产生刺激从而引起过敏。芒果过敏者在食用或接触芒果后会引起"芒果皮炎"，症状为，嘴边常常出现红、肿、痒，甚至起小皮疹，有的人嘴角发麻、喉咙痒；症状比较严重时，嘴唇、口周、耳朵、颈部出现大片红斑，甚至有轻微水肿，还伴有腹痛、腹泻等。"芒果皮炎"与芒果的品种和成熟度有关，并非吃芒果就会得皮炎。当然，也不乏接触芒果皮等而引发皮肤病的患者。漆树过敏者应慎食芒果，以防出现过敏反应。芒果不宜多食，过量食用易动风气。

91 吃山楂应注意什么?

山楂（*Crataegus* spp.）属蔷薇科（Rosaceae）山楂属（*Crataegus*）植物，又名山里红、红果，原产我国，主要产于山东、辽宁、河北、山西、河南等地。山楂含酸量极高，在水果中仅次于柠檬，大多接近或超过3%，高的可达4%以上。山楂药食两用。山楂含有苹果酸、柠檬酸、琥珀酸等酸类物质，能增加胃蛋白酶的分泌，具有消食化积、增强食欲的功能，对消化油腻肉积效果好，尤其适于脾胃虚弱、肉食不化、油腻反胃等。山楂含有的三萜类和黄酮类物质能扩张血管、降低血压、增大冠状动脉血流量、降低血清胆固醇、促进气管纤毛运动和排痰平喘。山楂是健脾开胃、消食化滞、活血化瘀的良药。《本草纲目》记载，"山楂有健胃、辅脾、消食积、行结气、活血化瘀、助消化之功能"，"凡脾弱、食物不消化、胸腹酸刺胀闷者，于每食后嚼两三枚，绝佳"。山楂酸味很重，有收敛性。因此，有脾胃虚寒、胃和十二指肠溃疡、胃酸过多、吞酸吐酸的人应慎食，以免酸多加重病情。酸涩会影响营养吸收，炎症患者不宜食用山楂。山楂能化淤消滞，妊娠妇女、习惯性流产和先兆流产患者不要食用。山楂含有大量的有机酸，空腹食用会使胃酸增加，造成对胃黏膜的刺激，导致腹胀、反酸。

92　吃山竹应注意什么？

　　山竹（*Garcinia mangostana* L.）属藤黄科（Guttiferae）藤黄属（*Garcinia*）植物，别名山竹子、莽吉柿，原产东南亚，与榴莲齐名，号称"果中皇后"，我国台湾、福建、广东、云南等地有栽种。山竹果肉白色、柔软多汁、酸甜可口。山竹有清热、降火、润肤的功效，常吃山竹可清热解毒和改善皮肤状况。山竹对虚火上升、声音沙哑、双眼红丝等症具有很好的食疗效果。山竹果皮和果实还能治烧伤、烫伤、口腔炎、牙周炎、痈疮溃烂，具有消炎止痛的功效。吃山竹能克榴莲的燥热。在泰国，人们将榴莲、山竹视为"夫妻果"，吃了过多榴莲上了火，吃上几个山竹就能缓解。山竹含有丰富的蛋白质和脂类，有很好的补养作用，对体弱、营养不良、病后的人都有很好的调养作用。山竹一般人都可食用，体弱、病后的人更适合，但不宜吃太多，每天吃3个就够了。山竹糖分较高，肥胖者宜少吃，糖尿病人忌食。山竹富含纤维素（高达5%左右），而纤维素在肠胃中会吸水膨胀，过多食用会引起便秘。山竹属寒性水果，体质虚寒者不宜多吃。山竹切勿和西瓜、豆浆、啤酒、白菜、盖菜、苦瓜、冬瓜荷叶汤等寒凉食物同吃。若不慎过量食用山竹，可用红糖煮姜茶解之。

93　吃柿子应注意什么？

柿（*Diospyros kaki* Thunb.）属柿科（Ebenaceae）柿属（*Diospyros*）植物，我国以广西、河南、河北、陕西、福建、山西、山东、安徽、江苏、广东10省（区）产量最大，约占全国的90%。柿子分甜柿和涩柿两种，甜柿在树上成熟时能自然脱涩，采后即可食用。涩柿因涩味重，需经脱涩才能食用。柿子含维生素C和糖较多，比一般水果高1~2倍。柿子能清热生津、祛痰止咳、健脾胃、润肠肺、降压止血，柿蒂可治呃逆和夜尿症，柿霜可治喉痛、咽干、口疮等。除鲜食外，柿子还可制成柿饼。

过量食用柿子会引起腹胀、腹痛、腹泻、恶心、呕吐等症状。空腹大量食用柿子，遇胃酸较多，会形成胃结石。柿子性寒质滑、脾胃虚寒、泄泻、痰湿内盛、外感风寒、胃寒呕吐和患疟疾的人不宜食用。柿子鞣质较多，鞣质与蛋白质接触能形成硬块，螃蟹蛋白质含量高，故柿子忌与螃蟹同吃。且二者俱为寒性，易引起腰腿疼痛、腹泻。柿子与甘薯同吃，也易形成结石。溃疡病患者和胃酸高的人，不宜在饭前吃柿子。鞣质易与铁元素结合，会妨碍人体对铁元素的吸收，缺铁性贫血病患者应少吃柿子。

94　吃香蕉应注意什么？

香蕉（*Musa nana* Lour. Group）属芭蕉科（Musaceae）香蕉属（*Musa*）植物，是我国第一大热带水果，主要产于广东、广西、云南、海南和福建5省（区），产量占全国的99%以上。香蕉柔软芳香、清甜爽口。香蕉富含果糖和葡萄糖，易于人体吸收。香蕉含有大量钾，很适合高血压病人食用。香蕉富含纤维素，有清热、润肠、解毒作用，可使大便滑润松软、易于排出。青香蕉还有保护胃壁和防治溃疡的功效。香蕉性寒质滑，宜饭后食用。脾虚便溏者不宜食用。香蕉含糖量高，糖尿病患者慎食。香蕉含有很多镁，空腹食用可能会引起人体镁含量过高，破坏镁钙平衡，进而对心血管产生抑制作用。香蕉摄食过多会导致肠胃功能紊乱，故不宜过多食用，小孩儿尤其不宜偏食、多食。

95　吃杨梅应注意什么？

杨梅（*Myrica rubra* Sieb. et Zucc.）属杨梅科（Myricaceae）杨梅属（*Myrica*）植物，原产我国东南部。我国是主要杨梅生产国，杨梅栽培面积占全球的90%以上，以东魁、荸荠种、丁岙、晚稻4个品种栽培最广，主要产于浙江、福建、江苏、广东、云南、重庆、四川、贵州、广西等省份，浙江省居首位。杨梅味甘如蜜、甜中沁酸，含之生津，余味绵绵。杨梅含有的维生素、酚类物质对人体具有抗氧化功能。中医认为，杨梅性温、味甘酸，主治祛痰、止呕、消食、痢疾、肠胃功能失调、霍乱呕吐等症。《本草纲目》记载，"杨梅可止渴、和五脏，能涤肠胃、除烦愦恶气"。杨梅能醒酒、除湿、消暑、御寒、止泻、消炎、止血生肌，还可治刀伤出血、烧烫伤，对大肠杆菌、痢疾杆菌等有抑制作用。

杨梅养分高，又没有外皮，容易招虫，特别是麦娥科鳞翅目昆虫。通常，这类昆虫在杨梅还没成熟时，就进入杨梅果实里，生长在杨梅果核外。消费者在购买杨梅后，最好不要放置冰箱内，否则低温会导致虫子死在杨梅果实里。杨梅中的虫子肉眼看不出来，用清水也泡不出来，但用盐水可以把虫子给逼出来。买回的新鲜杨梅，应及早放到较高浓度的盐水中浸泡5~10min。杨梅性温味酸，不宜多食，多食令人发热、发疮、致痰，并易损齿伤筋。杨梅忌与大葱同食。

96 吃银杏应注意什么？

银杏（*Ginkgo biloba* L.）属银杏科（Ginkgoaceae）银杏属（*Ginkgo*）植物，别名白果。我国银杏集中产区在江苏、山东、安徽、浙江、广西、河南、湖北等省份。银杏种子营养丰富，药食俱佳。银杏种子具滋补和治病功效，是传统中药材。《本草纲目》记载，银杏种子"入肺经，益脾气，定咳喘，缩小便"。历代医家多用作止咳、消痰和妇科良药。银杏仁中含有白果酸，有氢氰酸成分，炒熟后毒性降低。氢氰酸属于剧毒类物质，对人体危害大，成人服用0.05g就会丧命。小儿吃5～10粒、成人吃40粒银杏就有中毒反应。中毒后的潜伏期为1~12h，最初是恶心、呕吐、腹痛、腹泻和食欲不振，继而烦躁不安、惊厥、精神呆滞、肢体强制、皮肤紫绀、发热、昏迷、瞳孔放大、对光反射消失、呼吸困难或引起水肿，进而心跳减弱、呼吸道分泌物增加，少数病人引起下肢轻瘫或完全性弛缓性瘫痪。中毒轻重与年龄、体质和服食多少有密切关系。年龄越小、体质越弱，中毒可能性越大，中毒程度也越重。中毒后不及时抢救，可能导致死亡。为防银杏中毒，首先是不生吃，就是熟吃时，也不要吃太多，而且食用时要把（绿白色）胚芽去掉。另外，银杏外果皮中含有银杏毒，对皮肤有刺激作用，可引起刺激性皮炎或脱皮现象，应避免皮肤接触。

97　吃樱桃应注意什么？

櫻桃属蔷薇科（Rosaceae）李属（*Prunus*）樱桃亚属（*Cerasus*）植物，主要包括中国樱桃（*Prunus pseudocerasus* L.）、甜樱桃（*Prunus avium* L.）、酸樱桃（*Prunus cerasus* L.）和杂种樱桃，我国栽培的主要是甜樱桃和中国樱桃，而甜樱桃是主要发展方向。目前，我国甜樱桃主要集中分布在渤海湾沿岸，如辽宁大连、山东烟台、河北秦皇岛等。甜樱桃果实成熟期早，色泽艳丽，晶莹美观，果肉鲜美。红色樱桃含有较多红色素（花青苷）和类黄酮化合物（槲皮苷、类槲皮苷和鞣花酸）。花青苷有抗氧化作用，有抗癌、减轻心脏病、消炎、延缓衰老等功效。槲皮苷和类槲皮苷有抗氧化、抗癌、延缓衰老的作用。鞣花酸能抑制癌细胞生长、阻断肿瘤的生长。樱桃还含有紫苏子醇，该物质能降低癌症发生率。《本草纲目》记载，“樱桃调中、益脾气，令人好颜色，美志。止泄精，水谷痢”。樱桃性温热，热性人宜少食，吃多了易上火；内有实邪者不宜食用；有溃疡症状者、上火者慎食；热性病、虚热咳嗽者忌食。樱桃含钾量高，每100g可达230mg，肾病和心脏病患者慎用，以免增加肾脏负担，甚至引起高钾血症。樱桃仁含有氰苷，水解后产生氢氰酸，药用时小心中毒。

98　吃枣应注意些什么？

枣（*Zizyphus jujuba* Mill.）属于鼠李科（Rhammaceae）枣属（*Zizyphus*）植物，别名红枣，我国主要产于新疆、河北、山东、陕西、山西、河南等地，其产量约占全国的90%。枣富含维生素C，可达200mg/100g以上，有天然维生素丸的美称，是上等的滋补品。枣含有硫胺素、核黄素、维生素E、维生素P、黄酮类、环磷酸腺苷、环磷酸鸟苷等。环磷酸腺苷和环磷酸鸟苷被称作"第二信使"，参与人体内多种生理生化过程的调节。红枣有养胃健脾、补血益气、调和营卫、和解药毒、保护肝脏、增强肌力等功效，对产后体虚、肺虚咳嗽、神经衰弱、失眠、气血不足、贫血、高血压、浮肿、败血病等有一定疗效。

枣忌与葱同食，以免脏腑不和；忌与鱼同食，以免腰腹疼痛。枣生食易损脾作泄。枣味甘助湿，过食易胃酸作胀、食欲不振。枣有七不食：①中满（膨闷胀饱）者不食，中满不宜食甘，食则满甚。②小儿疳病不食，食则胀满加剧。③痰多而有壅热者不食，孙思邈说"多食令人热渴膨胀，动脏腑，损脾气，助湿热"。④患齿病者不食，《本草纲目》记载"枣为脾经血分药也，若无故频食，则损齿，贻害多矣"。⑤虫病者不食，《本草汇言》记载"胃痛气闭者，蛔结、腹痛及一切诸虫为病者宜忌之"。⑥黄疸病患者不食，食则胀泄热渴。⑦便秘者不食，食则加剧。

99 吃板栗等应注意什么？

（1）板栗。板栗（*Castanea mollissima* Blume）属山毛榉科（Fagaceae）栗属（*Castanea* Mill.）植物，是我国传统的特色坚果，素有"木本粮油"和"铁杆庄稼"之称，别名栗，主要分布在北京、河北、甘肃、陕西、江苏、安徽、浙江、河南、湖北、湖南、广西、辽宁、山东等地。板栗淀粉含量极高，富含蛋白质，胡萝卜素含量可接近200μg/100g。《名医别录》（梁·陶弘景辑）说，板栗味甘、性温、归脾、补肾。板栗对腰脚软弱、胃气不足、肠鸣泄泻等有显著疗效，能补肾强腰、补脾益胃、收涩止泻。板栗生食不易消化，熟食易滞气，故板栗不宜生食、一次不宜吃太多（尤其小儿）。温热病患者不宜食用板栗。

（2）扁桃。扁桃（*Amygdalus communis* L.）属蔷薇科（Rosaceae）李属（*Prunus*）扁桃亚属（*Amygdalus*）植物，别名巴旦杏，我国主要分布在新疆的喀什、和田、阿克苏等地。扁桃营养价值高，富含蛋白质和脂肪，含有多种维生素、杏仁苷、消化酶、杏仁素酶等成分。扁桃有止咳祛痰、润肺、解饥、散寒、祛风、止泻、滑肠通便、消心腹逆闷的功效，可用于治疗支气管炎、哮喘、胃肠黏膜炎、酸碱中毒等。扁桃仁分甜和苦两种。苦扁桃仁含苦杏仁苷较多，苦杏仁苷可在人体内水解产生氢氰酸，引起中毒，慎食。

（3）核桃。核桃（*Juglans regia* L.）属胡桃科（Juglandaceae）核桃属（*Juglans*）植物，我国栽培的核桃主要有普通核桃、山核桃、薄壳山核桃和泡核桃。除黑龙江、上海、广东和海南外，其余省（区、市）均有栽培。核桃营养极为丰富，蛋白质、脂肪和不溶性纤维含量均很高，富含胡萝卜素和维生素E。核桃蛋白质为优质蛋白，主要由谷蛋白、球蛋白、清蛋白和醇溶蛋白构成，分别占70.1%、17.6%、6.8%和5.3%。核桃所含脂肪酸主要是不饱和脂肪酸（如亚麻酸、亚油酸、油酸），约占90%。核桃还含有类黄酮、酚酸、苯醌等生理活性物质。核桃所含褪黑素是人体大脑松果体分泌的一种诱导自然睡眠的物质，具有促进睡眠、调节时差、抗衰老、调节免疫、抗肿瘤等功能。核桃（尤其所含的磷脂）有补脑健脑作用，患有神经衰弱的人坚持食用核桃，疗效显著。核桃中的亚麻酸能调节新陈代谢、维持血压平衡，亚油酸能降低血清胆固醇。核桃中的维生素E有防衰老作用。核桃能润肺、补肾、补血，是温补肾肺的良药。唐代孟洗著《食疗本草》记述，吃核桃仁可开胃、通润血脉、使骨肉细腻。《本草纲目》记载，核桃仁有"补气养血，润燥化痰，温肺润肠，治虚寒喘咳"等功效。核桃性温、滋润，痰火积热者少食，稀便、腹泻者忌食。

（4）松子。果松属松科（Pinaceae），别名红松、海松、塔松、朝鲜五针松，我国中心栽植区在黑龙江、吉林和辽宁。果松种子俗称松子，有很高的营养和保健价值。松子仁脂肪含量可达70%（其中不饱和脂肪酸接近90%），蛋白质含量可达13%，不溶性纤维含量可达10%，维生素E含量可达30mg/100g以上。中医认为，松子性温，味甘，具有滋阴养液、润肺止咳、润肠等功效，主治肺燥咳嗽、肠燥便秘、头昏目眩、口干舌燥、皮肤干燥等症。松仁所含脂肪大部分为油酸、亚油酸等不饱和脂肪酸，对防治心血管疾病有良好的作用。松仁富含磷，能保护大脑和神经。松仁铁含量也很高，能防止缺铁性贫血。有脾胃虚弱所致的腹泻，以及湿痰所致的胸脘胀满、呕吐、食欲不振等症状者，忌食松仁。松仁发霉变质后不能吃。

（5）仁用杏。仁用杏是以获得杏仁为主要产品的杏属植物栽培种的总称，主要包括大扁杏以及生产苦杏仁的西伯利亚杏、辽杏、藏杏、志丹杏、洪坪杏和普通杏野生类型的各种山杏，别名苦杏仁、大扁杏。我国仁用杏产区主要集中在华北和西北地区诸省，以及辽宁、山东、湖北、湖南、吉林、黑龙江等省。杏仁营养丰富，蛋白质、脂肪和不溶性纤维含量很高，维生素C和维生素E含量较高，富含硒；所含脂肪酸多为不饱和脂肪酸，油酸占60%~70%，亚油酸占18%~32%，对防治心血管病有疗效。杏仁具有较高的医药价值，《本草纲目》记载，杏仁能治风寒肺病、止咳祛痰。杏仁有毒，需经加工，不可多食。

（6）腰果。腰果（*Anacardium occidentale* L.）属漆树科

（Anacardiaceae）腰果属（*Anacardium*）植物，别名槚如树、介寿果，我国主要分布在海南和云南。腰果是世界四大著名干果之一。腰果富含蛋白质和脂肪，胡萝卜素含量也较高（可达50μg/100g）。腰果仁可用于治疗麻风病、象皮病、鳞屑癣等。腰果油含不饱和脂肪酸88%。腰果梨由花托膨大而成，嫩脆多汁，酸甜适口，可作水果食用，维生素C含量可达250mg/100g。新鲜腰果梨汁有利尿除湿、防治肠胃病和慢性痢疾等功效。腰果钠含量高，高血压患者不宜过多食用。

（7）椰子。椰子（*Cocos nucifera* L.）属棕榈科（Palmaceae）椰子属（*Cocos*）植物，我国主要产自海南。椰子果实分为外果皮、中果皮、内果皮、种仁、胚和椰水6部分。种仁即果肉，实为胚乳，为白色肉质层，富含脂肪，可榨油、鲜食或加工。椰子水藏于果腔中，成熟前椰水较多，成熟后较少。胚，白色，细小，埋在芽眼内方的胚乳中。椰子富含蛋白质（清蛋白、球蛋白、醇溶蛋白）、脂肪和纤维。椰子的蛋白质和脂肪含量非一般水果所能及，一个椰子的蛋白含量可抵得上100g左右的牛排。椰子所含脂肪酸主要是饱和脂肪酸，约占90%。椰子果内的汁，叫椰子乳，如琼浆玉液，沁心可口，营养价值很高，风味有点像荸荠，甜中带有一股特有的椰香。椰肉白如凝雪，味道甘美，芳香滑脆，酷似花生米和核桃仁的滋味。椰子肉、汁、油均可入药。椰子汁有生津止渴、益气补虚、驱虫、利尿的功效，主治脾虚倦怠、食欲不振、四肢无力、暑热口渴、止血。椰子肉性平、味甘，具有益脾胃的功能，能驱绦虫、姜片虫等寄生虫。椰子油外用，可用于治疗体癣、足癣、冻疮、神经性皮炎等皮肤病。椰汁饮用过量可引起烦躁。过多食用椰肉易伤口胃。

100 吃梨等应注意什么？

（1）梨。梨（*Pyrus* spp.）属蔷薇科（Rosaceae）梨亚科（Pomaceae）梨属（*Pyrus*）植物。我国是世界第一大梨生产国，产量占全世界的65%以上，涵盖白梨、砂梨、秋子梨、新疆梨、西洋梨5个系统，以白梨和砂梨居多。传统主栽品种有砀山酥梨、鸭梨、南果梨、京白梨、库尔勒香梨、雪花梨、苍溪雪梨等，早酥梨是目前早熟品种的标志性品种。河北、辽宁、山东、河南、安徽、陕西、四川、新疆等省（区）梨产量居我国前列。梨属凉性水果，具有生津、润肺、清热、凉心、祛痰、降火、止热咳、解毒、降压、镇静、利尿等作用，主治热病伤津、热咳烦渴、小儿风热、痰多、咽痛失音、眼赤肿痛、便秘、小便黄少等症。梨性寒凉，过食助湿伤脾，脾胃虚寒、消化不良、产后血虚、慢性肠炎者慎食。

（2）李子。李子（*Prunus* spp.）属蔷薇科（Rosaceae）李亚科（Prunoideae）李属（*Prunus*）植物。我国是世界上最大的李子生产国，主要分布于广东、广西、福建、四川等南方地区，北方地区主要分布于河北和辽宁一带。李子芳香多汁、酸甜适口，富含胡萝卜素，含量可达150μg/100g。李子具有生津止渴、清肝涤热、解邪毒、活血利尿、祛瘀等功效，主治虚劳骨蒸盗汗、消渴引饮、肝病腹水、胃痛呕吐等症。李子还能促进胃酸和消化酶的分泌，有增强胃肠蠕动的作用。李子属性温果品，常吃使人发热。李子味酸，多食生痰助湿、损伤脾脏，脾弱者应少食。吃李子后不宜多喝水，否则易腹泻。孕妇、便泻、遗精者忌食李子。

（3）猕猴桃。猕猴桃（*Actinidia chinensis* Planch.）属猕猴桃科（Actinidiaceae）猕猴桃属（*Actinidia* Lindl.）植物，原产我国。我国栽培的猕猴桃主要是中华猕猴桃，产地主要集中在陕西、河南、四川和湖南，产量约占全国的90%。猕猴桃柔软多汁、酸甜适度。猕猴桃不溶性膳食纤维和胡萝卜素含量都很高，可分别达到2.6g/100g和130μg/100g。猕猴桃维生素C含量极高，一般在100~200mg/100g，每天吃一个猕猴桃即可满足人体对维生素C的需要。猕猴桃中维生素K（凝血维生素）含量也较高，美味猕猴桃中可达40μg/100g。猕猴桃还含有多糖、黄酮、多酚等功能性成分。猕猴桃能解热止渴、和胃降逆、利尿通淋、增强抵抗力，能治烦热、消渴、黄疸、石淋、痔疮、食欲不振、消化不良、呕吐、痢疾等症。猕猴桃对维持牙齿、骨骼、血管和肌肉正常功能有良好作用，能促进创伤修复和伤口愈合。猕猴桃对高血压、动脉血管硬化、肝硬化、冠心病等有防治效果。猕猴桃性寒凉，过量食用易发生腹泻，脾胃虚寒者慎食，先兆性流产、月经过多、尿频、腹泻便溏者忌食。

（4）枇杷。枇杷（*Eriobotrya japonica* Lindl.）属蔷薇科（Rosaceae）枇杷属（*Eriobotrya* Lindl.）植物。我国枇杷产量居世界首位，浙江余杭和台州、安徽歙县、福建莆田、江苏吴中区为全国重要枇杷产区。红肉枇杷胡萝卜素含量极高，可达1.4mg/100g。枇杷依果肉颜色分为白沙枇杷和红沙枇杷两种，前者果皮黄色、果肉白色，后者果皮黄色、果肉红色。枇杷具有润肺止咳、和胃降逆等功效。《本草纲目》说枇杷"止咳下气，利肺气，止吐逆，主上焦热，润五脏"。枇杷味道甘美、滋润而凉，对肺痿、咳嗽、化痰有良效，能益胃生津、止呃逆，为早夏佳果。枇杷属性寒果品，多食易助湿化痰，脾胃虚弱、大便稀溏者忌食。

（5）苹果。苹果（*Malus* spp.）属蔷薇科（Rosaceae）苹果属（*Malus* Mill.）植物。我国苹果产区主要集中在陕西、山东、河南、山西、河北、辽宁、甘肃7省，产量占全国的90%左右。苹果营养丰富，含有糖、酸、维生素、类黄酮、膳食纤维、果胶、矿物质等诸多营养物质，价值颇高。常吃苹果有益健康，有句谚语"一日一苹果，医生远离我（An apple a day keeps the doctor away）"。苹果虽属性平果品，但多食会引起腹胀，导致慢性肾功能衰竭症。患脾胃寒、肠胃溃疡者更不宜多吃。

（6）石榴。石榴（*Punica granatum* L.）属石榴科（Punicaceae）石榴属（*Punica*）植物，别名丹若、金罂、涂林、沃丹、安石榴等。我国是世界石榴主产国和优生区，栽培面积居世界首位，著名产地有陕西临潼、新疆叶城、安徽怀远、山东枣庄、云南蒙自、四川会理等。石榴色泽艳丽、外形美观、果汁多、营养好，是中秋佳节的应节果品。石榴不溶性膳食纤维含量很高，接近5%。石榴分甜石榴和酸石榴两种，甜石榴能生津止渴，有驱虫止痢功效；酸石榴能治妇女崩漏带下、滑泄不止等。肺虚痰多者慎食石榴。

（7）桃。桃（*Prunus persica* L.）属蔷薇科（Rosaceae）李属（*Prunus*）桃亚属（*Amygdalus* L.）植物。我国是桃的原产地和重要演化中心，栽培面积和产量均居世界首位，以山东、河北、河南、山西、湖北、陕西、安徽、江苏、辽宁、四川等省产量位居前列。桃按有无茸毛分为普通桃（有毛）和油桃（无毛）；按果肉质地分为硬肉桃和软肉桃；按果肉颜色分为白肉桃和黄肉桃。桃子有补益、补心、生津、解渴、消积、润肠和解劳热的功效。桃肉对慢性支气管炎、肺纤维化、肺不张、矽肺、肺结核等出现的干咳、慢性发热、盗汗等症，可起到养阴生津、补气润肺的保健作用。桃对跌打损伤、淤血肿痛、肠燥便秘等症有治疗作用。桃子果胶含量较高，而果胶有润肠的功用。除桃肉外，桃仁也可入药。桃属性温果品，多食易令人生内热。未成熟的桃不能吃，否则会腹胀或生疖痈。桃仁有氢氰酸，不能生食。

（8）杏。杏（*Armeniaca vulgaris* Lam.）属蔷薇科（Rosaceae）杏属（*Armeniaca* Mill.）植物，原产亚洲西部及我国华北、西北地区。"三北"地区是我国杏的主要产区，尤其以新疆地区栽培面积最大。杏酸甜爽口、汁多味香。胡萝卜素含量极高，可达450μg/100g，水果中极为少见。杏有生津止渴、润肺定喘、降气补痰等功效，主治老年咳嗽、虚咳气喘、慢性气管炎等症。由于含有胡萝卜素、维生素、儿茶酚、黄酮类等物质，杏还有防癌作用。杏属性温果品，多食动旧疾、生痰热，易伤脾胃、生痈疖、损齿，小儿不可多食。脾虚泄泻、大便溏稀者慎食。产妇忌食。

（9）杨桃。杨桃（*Averrhoa carambola* L.）属酢浆草科（Oxalidaceae）杨桃属（*Averrhoa*）植物，别名阳桃、五敛子，我国主要产于广东、广西、海南、福建、台湾等地。杨桃质脆多汁、香甜微酸，熟透的杨桃青边红肉、清甜无渣、带桂花蜜味。杨桃具有清热解毒、生津止渴、下气和中、利尿通淋等功效，可用于风热咳嗽、热症烦渴、口舌生疮、咽喉肿痛、风火牙疼、虫蛇咬伤、小便短涩等症，对治疗胃痛、黄疸、赤痢等也有一定疗效。杨桃多食冷脾胃、动泄澼，脾胃虚寒、便溏泄泻者少食。

果品绿色生产与营养健康

附表1 书中用到的缩略语

缩略语	全称
α-TE	α-tocopherol equivalent（α-生育酚当量）
ADI	acceptable daily intake（每日允许摄入量）
AI	adequate intake（适宜摄入量）
ARfD	acute reference dose（急性参考剂量）
bw	body weight（体重）
CAC	Codex Alimentarius Commission（国际食品法典委员会）
CFU	colony-forming units（菌落形成单位）
DEF	dietary folate equivalent（膳食叶酸当量）
EFSA	European Food Safety Authority（欧洲食品安全局）
EMRL	extraneous maximum residue limit（再残留限量）
ESTI	estimate short term intake（短期膳食摄入量）
FAD	flavin adenine dinucleotide（黄酸腺嘌呤二核苷酸）
FAO	Food and Agriculture Organization（国际粮农组织）
FMN	flavin mononucleotide（黄酸单核苷酸）
GTF	glucose tolerance factor（葡萄糖耐量因子）
IARC	International Agency for Research on Cancer（国际癌症研究机构）
LC_{50}	median lethal concentration（半数致死浓度）
LD_{50}	median lethal dose（半数致死量）
LP	large portion（大部分消费者的消费量）
MRL	maximum residue limit（最大残留限量）
NE	niacin equivalent（烟酸当量）

（续表）

缩略语	全称
PMTDI	provisional maximum tolerable daily intake（暂定每日最大耐受摄入量）
PTMI	provisional tolerable monthly intake（暂定每月耐受摄入量）
PTWI	provisional tolerable weekly intake（暂定每周耐受摄入量）
RAE	retinol activity equivalent（视黄醇活性当量）
RfD	reference dose（参考剂量）
RNI	recommended nutrient intake（推荐摄入量）
TADI	temporary acceptable daily intake（临时每日允许摄入量）
TDI	tolerable daily intake（每日耐受摄入量）
THQ	target hazard quotient（目标危害商）
UL	tolerable upper intake level（可耐受最高摄入量）
URVI	the upper range value of intake（摄入量上限）
WHO	World Health Organization（世界卫生组织）

附表2　柑橘农药合理使用准则[1]

农药名称	剂型及含量	防治对象	用量[2]	次数[3]	间隔[4]
阿维菌素	1.8%乳油	潜叶蛾、红蜘蛛	4 000~6 000		
	0.2%可湿性粉剂	红蜘蛛	800~1 000	2	14
	0.9%乳油	红蜘蛛	1 500~2 000		
阿维菌素+块螨特	56%微囊浮剂（0.3%+55.7%）	红蜘蛛	2 000~4 000	2	14
苯丁锡	50%可湿性粉剂	螨类、锈壁虱等	2 000~3 000	2	21
	10%乳油	红蜘蛛	500~600	2	21
苯硫威	35%乳油	全爪螨	800~1 000	2	7
苯螨特	10%乳油	红蜘蛛	1 500~2 000	2	21
苄螨醚	5%乳油	红蜘蛛	1 000~2 000	2	21
除虫脲	25%可湿性粉剂	潜叶蛾、锈壁虱	2 000~4 000	3	28
哒螨灵	15%乳油	红蜘蛛	2 500~3 000	2	14
稻丰散	50%乳油	矢尖蚧、红蜡蚧、矢虱等	1 000~1 500	3	30
丁硫克百威	20%乳油	锈壁虱、潜叶蛾、蚜虫	1 000~2 000	2	15

（续表）

农药名称	剂型及含量	防治对象	用量[2]	次数[3]	间隔[4]
啶虫脒	3%乳油	蚜虫	2 000~2 500	1	14
	20%可溶粉剂		2 500~5 000	3	21
	50%乳油		4 000~5 000	2	14
啶虫脒+毒死蜱	30%水乳剂（1%+29%）	柑橘蚜虫	1 000~1 500	3	14
毒死蜱	48%乳油	红蜘蛛、锈壁虱、矢尖蚧	1 000~2 000	1	28
	25%微乳剂		5 20~1 040	2	21
氟虫脲	5%乳油	全爪螨、锈螨	667~1 000	2	30
		潜叶蛾	1 000~2 000		
氟苯脲[5]	5%乳油	潜叶蛾	1 000~2 000	3	30
甲氰菊酯[6]	20%乳油	红蜘蛛	2 000~3 000	3	30
		潜叶蛾	8 000~1 0000		
苦参碱+烟碱	0.5%水剂（0.05%+0.45%）	矢尖蚧	500~1 000	3	14
喹硫磷	25%乳油	蚜虫、潜叶蛾、介壳虫等	1 000	3	28
硫线磷[7]	10%颗粒剂	根结线虫	4 000~6 000g	2	120
螺虫乙酯	24%悬浮剂	介壳虫	4 000~5 000	1	45

（续表）

农药名称	剂型及含量	防治对象	用量2)	次数3)	间隔4)
氯氟氰菊酯	2.5%乳油	螨类、潜叶蛾、介壳虫等	4 000~6 000	3	21
氯氰菊酯	10%乳油	潜叶蛾、蚜虫等	2 000~4 000	3	7
氯氰菊酯+丙溴磷	44%乳油（4%+40%）	潜叶蛾	2 000~3 000	3	14
氯噻啉	10%可湿性粉剂	蚜虫	4 000~5 000	3	14
马拉硫磷	45%乳油	蚜虫	1 500~2 000	3	21
灭多威8)	24%水溶性剂	蚜虫	1 000~2 000		15
		潜叶蛾	800~1 200	3	
	90%可湿性粉剂	潜叶蛾	3 000~5 000	3	
吡螨胺	10%可湿性粉剂	红蜘蛛	2 000~3 000	2	14
氰戊菊酯	20%乳油	潜叶蛾、介壳虫等	8 000~12 500	3	7
氢氧化铜	77%可湿性粉剂	溃疡病	400~600	5	30
炔螨特	73%乳油	螨类	2 000~3 000	3	30
炔螨特	40%乳油	红蜘蛛	700~1 400	3	21
炔螨特+唑螨酯	13%水乳剂（10%+3%）	红蜘蛛	1 000~1 450	2	14
噻螨酮	5%可湿性粉剂或乳油	红蜘蛛	2 000	2	30

（续表）

农药名称	剂型及含量	防治对象	用量[2]	次数[3]	间隔[4]
噻嗪酮	25%可湿性粉剂	矢尖蚧	1 000～2 000	2	35
噻嗪酮+杀扑磷	20%可湿性粉剂（15%+5%）	矢尖蚧	800～1 000	2	21
三唑锡	25%可湿性粉剂	红蜘蛛	1 500～2 000	2	30
	20%悬浮剂		1 000～2 000		
	10%乳油		1 000～1 500		
杀螟丹	98%可湿性粉剂	潜叶蛾	1 800～2 000	3	21
杀扑磷[9]	40%乳油	褐圆蚧、红蜡蚧	670～1 000	1	30
双甲脒	20%乳油	螨类、介壳虫	1 000～1 500	3、2[10]	21
水胺硫磷[6]	40%乳油	螨、锈壁虱、潜叶蛾	1 000～1 300	3	14
顺式氯氰菊酯	10%乳油	潜叶蛾、红蜡蚧等	10 000～20 000	3	7
顺式氰戊菊酯	5%乳油	潜叶蛾等	7 000～8 000	3	21
四螨嗪	10%可湿性粉剂	红蜘蛛	800～1 000	2	14
烯啶虫胺	10%可溶液剂	蚜虫	4 000～5 000	3	14
硝虫硫磷	30%乳油	矢尖蚧	600～750	2	28

（续表）

农药名称	剂型及含量	防治对象	用量[2]	次数[3]	间隔[4]
辛硫磷+哒螨灵	29%乳油（25%+4%）	红蜘蛛	1 500～2 000	2	14
辛硫磷+甲拌磷[11]	10%粉粒剂（6%+4%）	根结线虫	4 000～5 000g	1	120
溴螨酯	50%乳油	螨类	1 500～3 000	3	14
溴氰菊酯	2.5%乳油	潜叶蛾、蚜虫等	2 500～5 000	3	28
乙螨唑	11%悬浮剂	红蜘蛛	5 000～7 500	1	21
唑螨酯	5%悬浮剂	红蜘蛛、锈壁虱	1 000～2 000	2	15
唑螨酯+炔螨特	13%水乳剂（3%+10%）	红蜘蛛	1 000～1 500	2	14
苯菌灵	50%可湿性粉剂	疮痂病	500～1 000	2	14
丙森锌	70%可湿性粉剂	炭疽病	600～800	3	21
春雷霉素+氧氯化铜	50%可湿性粉剂（5%+45%）	溃疡病	500～800	5	21
代森联+吡唑醚菌酯	60%水分散粒剂（55%+5%）	疮痂病	1 000～2 000	3	21
代森锰锌	80%可湿性粉剂	炭疽病	400～600	3	21

（续表）

农药名称	剂型及含量	防治对象	用量[2]	次数[3]	间隔[4]
噁唑菌酮+代森锰锌	68.75%水分散粒剂（6.25%+62.5%）	疮痂病	1 000~1 600	3	21
克菌丹	80%水分散粒剂	树脂病	600~800	3	14
咪鲜胺[12]	25%乳油	蒂腐病、绿霉病、青霉病、	500~1 000		
	45%水乳剂	炭疽病	1 000~200		14
	45%微乳剂	蒂腐病、黑腐病、绿霉病、青霉病	1 000~2 000	1	
咪鲜胺锰盐[13]	20%可溶性粉剂	炭疽病	333.3~666.7g	1	15
嘧菌酯	25%悬浮剂	疮痂病、炭疽病	833	3	14
噻菌灵[14]	45%悬浮剂	贮藏病害	300~450	1	—
双胍辛胺乙酸盐[15]	40%可湿性粉剂	储存期病害	1 000~2 000	1	60[16]
烯唑醇	12.5%可湿性粉剂	疮痂病	1 500~1 840	3	14
亚胺唑	5%可湿性粉剂	疮痂病	600~900	2	14

（续表）

农药名称	剂型及含量[15]	防治对象	用量[2]	次数[3]	间隔[4]
抑霉唑[15]	22.2%乳油[15]	青绿霉菌	444~888	1	60[16]
	50%乳油[15]		1000~2000	1	14
	0.1%涂抹剂[17]	绿霉病、青霉病	1mL/kg	1	—
2,4-D+草甘膦[18]	10.8%水剂（0.8%+10%）	一年生、多年生杂草	750~1500mL	1	—
百草枯[19]	20%水剂	杂草	200~300	3	—
丙炔氟草胺	50%可湿性粉剂	阔叶杂草	53g~80g	1	—
草甘膦铵盐[20]	77.7%可溶性粒剂	一年生、多年生杂草	100g~200g	1	—
草甘膦异丙胺盐[21]	50%可湿性粉剂	一年生、多年生杂草	1000~2000	2	35
双丙氨膦[22]	74.7%水溶性粒剂	一年生和多年生禾本科杂草及阔叶杂草	100~150g	2	21

注：1）除特殊说明的外，施药方法均为喷雾。2）硫线磷、辛硫磷+甲拌磷、咪鲜胺锰盐、丙烯氟草胺、草甘膦铵盐、双丙氨膦为每亩每次制剂用量，抑霉唑涂抹剂为每千克柑橘涂抹剂用量，余者均为稀释倍数。3）每季作物最多使用次数。4）最后一次施药距收获的天数（安全间隔期），单位为d。5）避免污染水栖生物生栖地。6）不能与碱性物质混用。7）干树根周围沟施，冬前、冬后各一次。8）有吸入毒性，预防中毒。9）不能与碱性农药混用。10）春梢3次，夏梢2次。11）干树根周围沟施。12）干树根周围沟施。13）贮藏柑橘浸果1min。14）浸果1min后取出贮存。15）浸果1min取出。16）处理后距上市时间。17）采后处理浸果。18）定向喷雾。19）定期低压喷雾，避免喷到树上。20）杂草生长旺盛期施药。21）干季，夏季杂草生长盛期各施药1次。22）柑橘地杂草长期施用。

附表3　梨农药合理使用准则[1]

农药名称	剂型及含量	防治对象	用量[2]	次数[3]	间隔[4]
阿维菌素	1.8%乳油	梨木虱	3 000~6 000	3	14
	1%乳油		2 000~3 200	2	14
苯菌灵	50%可湿性粉剂	黑星病	500~1 000	3	14
苯醚甲环唑	10%水分散粒剂	黑星病	6 000~7 000	3	14
多菌灵+氟硅唑	21%悬浮剂（16%+5%）	黑星病	2 000~3 000	2	21
二氰蒽醌+代森锰锌	65%可湿性粉剂（5%+60%）	黑星病	500~750	3	21
氟硅唑	40%乳油	黑星病	8000~10 000	2	21
腈菌唑	12.5%乳油	黑星病	2 000~3 000	3	14
	40%可湿性粉剂		8 000~10 000	3	7
苦参碱	0.36%乳油	黑星病	400~600	3	21
氯苯嘧啶醇	6%可湿性粉剂	黑星病	1 000~1 500	3	14
烯唑醇	10%乳油	黑星病	2 000~3 000	2	21
	12.5%可湿性粉剂		3 000~4 000	3	21
亚胺唑	15%可湿性粉剂	黑星病	3 000~3 500	3	28

注：1）施药方法均为喷雾。2）均为稀释倍数。3）每季作物最多使用次数。4）最后一次施药距收获的天数（安全间隔期），单位为d。

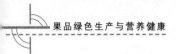

附表4　荔枝农药合理使用准则[1]

农药名称	剂型及含量	防治对象	用量[2]	次数[3]	间隔[4]
毒死蜱	40%乳油	蒂蛀虫	800~1 000	2	14
毒死蜱+氯氰菊酯	52.25%乳油（47.5%+4.75%）	蒂蛀虫	1 000~2 000	2	14
高效氯氰菊酯+辛硫磷	22%乳油（1%+21%）	卷叶虫	1 500~2 000	2	7
氯氟氰菊酯	2.5%乳油	蝽象	2 000~4 000	2	14
氯氰菊酯	5%乳油	蝽象	1 000~2000	2	14
氯氰菊酯+马拉硫磷	16%乳油（2%+14%）	荔枝蝽象	1 500~2 000	3	7
苯醚甲环唑	10%水分散粒剂	炭疽病	444~667	3	7
代森锰锌	80%可湿性粉剂	霜（疫）霉病	400~600	3	10
代森锰锌+甲霜灵	58%可湿性粉剂（10%+48%）	霜波霉病	400	3	14
代森锰锌+精甲霜灵	68%水分散粒剂（64%+4%）	霜霉病	600~800	3	7
甲精灵+福美双	58%可湿性粉剂（8%+50%）	霜波霉病	600~800	3	7
咪鲜胺	25%乳油	炭疽病	1 000~1 200	3	14
嘧菌酯	25%悬浮剂	霜波霉病	1 250~1 667	3	14

（续表）

农药名称	剂型及含量	防治对象	用量[2]	次数[3]	间隔[4]
氰霜唑	10%悬浮剂	霜霉病	2 000~2 500	3	7
霜脲氰+代森锰锌	72%可湿性粉剂（8%+64%）	霜（疫）霉病	500~700	3	14
王铜+春雷霉素	47%可湿性粉剂（45%+2%）	霜疫霉病	600~800	3	7
烯酰吗啉+代森锰锌	69%水分散粒剂（9%+60%）	霜（疫）霉病	500~600	3	14
多效唑	10%可湿性粉剂	调节生长（控梢使用）	250~500	2	—

注：1）施药方法都是喷雾。2）均为稀释倍数。3）每季作物最多使用次数。4）最后一次施药距收获的天数（安全间隔期），单位为d。

附表5　苹果农药合理使用准则[1]

农药名称	剂型及含量	防治对象	用量[2]	次数[3]	间隔[4]
阿维菌素+哒螨灵	10%乳油（0.2%+9.8%）	红蜘蛛	2 000～4 000	2	14
阿维菌素+丁醚脲	15.6%乳油（0.6%+15%）	红蜘蛛	2 000～3 000	2	14
吡虫啉	10%可湿性粉剂	黄蚜	2 000～4 000	2	14
	20%可溶性液剂		2 500～5 000		
	70%水分散粒剂		14 000～2 5000	1	14
哒螨胺	10%可湿性粉剂	红蜘蛛	2 000～3 000	3	30
丙硫克百威	20%乳油	蚜虫	1 500～3 000	2	50
虫螨腈	24%悬浮剂	金纹细蛾	3 333～4 000	2	14
除虫脲	25%可湿性粉剂	尺蠖、桃小食心虫等	1 000～2 000	3	21
哒螨灵	15%乳油	红蜘蛛	2 240～3000	2	14
	20%可湿性粉剂		3 000～4 000		
丁硫克百威	20%乳油	蚜虫	3 000～4 000	3	30
啶虫脒	3%乳油	蚜虫	2 500～3 000	1	14
	3%微乳乳油		1 500～2 000		

（续表）

农药名称	剂型及含量	防治对象	用量[2]	次数[3]	间隔[4]
氟虫脲	5%乳油	红蜘蛛	667~1 000	2	30
高效氯氰菊酯	4.5%微乳剂	桃小食心虫	1 000~1 500	2	14
甲氰菊酯[5]	20%乳油	桃小食心虫、红蜘蛛等	2 000~3 000	3	30
甲氰菊酯+马拉硫磷	40%乳油（5%+35%）	桃小食心虫	1 000~2 000	3	14
甲氧虫酰肼	24%悬浮剂	小卷叶蛾	3 000~5 000	1	50
联苯菊酯	10%乳油	桃小食心虫、叶螨等	3 000~5 000	3	10
硫丹	35%乳油	黄蚜	3 000~4 000	3	15
氯氟氰菊酯	2.5%乳油	桃小食心虫	4 000~5 000	2	21
氯氰菊酯	25%乳油	桃小食心虫等	4 000~5 000	3	21
氰戊菊酯	20%乳油	桃小食心虫等	2 000~4 000	3	14
炔螨特	73%乳油	螨类	2 000~3 000	3	30
哒螨灵	20%水乳剂	二斑叶螨	1 000~1 500	3	14
噻螨酮	5%乳油	红蜘蛛	1 500~2 000	2	30
三氯杀螨砜	10%乳油	红蜘蛛	500~800	1	14
三唑锡	25%可湿性粉剂	红蜘蛛等	1 000~1 330	3	14

（续表）

农药名称	剂型及含量	防治对象	用量[2]	次数[3]	间隔[4]
双甲脒	20%乳油	红蜘蛛	1 000~1 500	3	20
顺式氰戊菊酯	5%乳油	桃小食心虫等	2 000~3 125	3	14
四螨嗪	50%悬浮剂	红蜘蛛	5 000~6 000	2	30
四螨嗪+哒螨灵	10%悬浮剂（3.5%+6.5%）	红蜘蛛	1 000~2 000	1	14
溴螨酯	50%乳油	螨类	1 000~2 000	2	21
溴氰菊酯	2.5%乳油	桃小食心虫等	1 250~2 500	3	5
唑螨酯	5%悬浮剂	红蜘蛛	2 000~3 000	2	15
丙森锌	70%可湿性粉剂	斑点落叶病	600~700	3	14
代森铵[6]	45%水剂	腐烂病、枝干轮纹病	100~200	1	—
代森联	70%干悬浮剂	斑点落叶病、轮纹病、炭疽病	300	3	28
代森联+吡唑醚菌酯	60%水分散粒剂（55%+5%）	斑点落叶病、轮纹病、炭疽病	1 000~2 000	3	14
代森锌	80%可湿性粉剂	斑点落叶病、轮纹病	800	3	10
代森锰锌	75%干悬浮剂	轮纹病	600~1 000	3	14

（续表）

农药名称	剂型及含量	防治对象	用量2)	次数3)	间隔4)
丁香菌酯7)	20%悬浮剂	腐烂病	133.3～200	1	一
啶酰菌胺+醚菌酯	30%悬浮剂（20%+10%）	白粉病	2 000～4 000	3	14
多抗霉素	3%水剂	斑点落叶病	400	3	7
多氧霉素	10%可湿性粉剂8)	轮斑病、斑点落叶病	1 000～1 500	3	7
噁唑菌酮+代森锰锌	68.75%水分散粒剂（6.25%+62.5%）	斑点落叶病、轮纹病	1 000～1 500	3	7
噁唑菌酮+氟硅唑	20.67%乳油（10.67%+10%）	轮纹病	2 000～3 000	2	21
福美双	72%可湿性粉剂	炭疽病	400～600	3	14
甲基硫菌灵+福美双+硫黄	45%悬浮剂（16%+9%+20%）	轮纹病	600～700	3	21
克菌丹	80%可湿性粉剂	轮纹病	600～800	6	15
克菌丹	50%可湿性粉剂	轮纹病	400～800	3	14
喹啉铜	50%可湿性粉剂	轮纹病	3 000～4 000	3	14

（续表）

农药名称	剂型及含量	防治对象	用量[2]	次数[3]	间隔[4]
氯苯嘧啶醇	6%可湿性粉剂	黑星病、炭疽病、白粉病	1 000~1 500	3	14
醚菌酯	50%水分散粒剂	黑星病	3 000	3	14
咪鲜胺	25%乳油	炭疽病	750~1 000	3	14
双胍辛胺乙酸盐	40%可湿性粉剂	斑点落叶病	800~1 000	3	21
戊唑醇	25%乳油	斑点落叶病	3 000	3	21
	43%悬浮剂		5 000~7 000	3	21
烯肟菌酯+氟环唑	18%悬浮剂（12%+6%）	斑点落叶病	450~900	3	21
烯唑醇	12.5%可湿性粉剂	斑点落叶病	1 000~2 500	3	30
辛菌胺醋酸盐	1.8%水剂	腐烂病	9~18	3	14
溴菌腈	25%可湿性粉剂	炭疽病	500~600	3	14
亚胺唑	5%可湿性粉剂	斑点落叶病	600~700	3	14
异菌脲	50%可湿性粉剂	轮斑病、褐斑病等	1 000~1 500	3	7
	50%悬浮剂	斑点落叶病	1 000~2 000	3	14
	10%乳油	斑点落叶病	500~600	3	14

（续表）

农药名称	剂型及含量	防治对象	用量[2)	次数[3)	间隔[4)
萘乙酸	20%粉剂	调节生长	8 000~10 000	2	30
草甘膦	50%可溶性粉剂	一年生、多年生杂草	164g~328g	1	—
百草枯[9)	20%水剂	一年生杂草	200g~250g	2	—

注：1）除特殊说明的外，施药方法均为喷雾。2）草甘膦和百草枯为每亩每次制剂施用量，余者均为稀释倍数。3）每季作物最多使用次数。4）最后一次施药距收获的天数（安全间隔期），单位为d。5）防红蜘蛛用低浓度。6）枝干涂抹。7）早春苹果开花前枝干涂抹。8）不能与碱性农药混用。9）定向喷雾。

附表6　葡萄农药合理使用准则[1]

农药名称	剂型及含量	防治对象	用量[2]	次数[3]	间隔[4]
丙森锌	70%可湿性粉剂	霜霉病	400~600	3	14
代森锰锌+精甲霜灵	68%水分散粒剂（64%+4%）	霜霉病	100~120g	3	14
噁唑菌酮+代森锰锌	68.75%水分散粒剂（6.25%+62.5%）	霜霉病	800~1200	3	14
氟硅唑	40%乳油	黑痘病	8 000~10 000	3	28
腐霉利	50%可湿性粉剂	灰霉病	75~150g	2	14
己唑醇	5%悬浮剂	白粉病	1500	3	21
甲霜灵+代森锰锌	58%可湿性粉剂	霜霉病	500~800	3	21
腈菌唑	40%可湿性粉剂	炭疽病	4 000~6 000	3	21
克菌丹	50%可湿性粉剂	霜霉病	400~600	3	7
咪鲜胺锰盐	50%可湿性粉剂	炭疽病	1 500~3 000	2	7
嘧菌酯	25%悬浮剂	霜霉病	1 000~2 000	3	14
嘧霉胺	40%悬浮剂	灰霉病	1 000~1 500	2	7

（续表）

农药名称	剂型及含量	防治对象	用量[2]	次数[3]	间隔[4]
氰霜唑	10%悬浮剂	霜霉病	2 000~2 500	3	7
双胍三辛烷基苯磺酸盐	40%可湿性粉剂	灰霉病	30~50g	2	7
烯酰吗啉	50%可湿性粉剂	霜霉病	33~73g	3	7
烯酰吗啉+代森锰锌	69%可湿性粉剂（9%+60%）	霜霉病	139.4~166.7g	3	14
烯唑醇	12.5%可湿性粉剂	黑痘病、炭疽病	1 000~2 000	2	28
亚胺唑	5%可湿性粉剂	黑痘病	600~800	3	14
异菌脲	50%可湿性粉剂	灰霉病	750~1 000	3	14
丙酰芸薹素内酯[5]	0.003%水剂	调节生长	3 000~5 000	1	—
单氰胺[6]	50%水剂	调节生长	10~20	1	—
噻苯隆[7]	0.1%可溶液剂	调节生长	150~250	1	30

注：1）除特条规定外，施药方法都是喷雾。2）代森锰锌+代森锰锌，均为制剂用量，双胍三辛烷基苯磺酸盐、烯酰吗啉、烯酰吗啉+精甲霜灵、腐霉利、双胍三辛烷基苯磺酸盐、烯酰吗啉、烯酰吗啉、代森锰锌为每亩每次制剂用量。3）每季作物最多使用次数。4）最后一次施药距收获的天数（安全间隔期），单位为d。5）幼果期施药。6）喷雾和涂抹，喷施于休眠蔓枝自然发芽前40~45d。7）盛花期后7~15d施用。

· 159 ·

附表7 西瓜农药合理使用准则[1]

农药名称	剂型及含量	防治对象	用量[2]	次数[3]	间隔[4]
噻虫嗪	25%水分散粒剂	蚜虫	8~10g	2	7
百菌清	75%可湿性粉剂	霜霉病	146.7~266.7g	3	14
苯醚甲环唑	10%水分散粒剂	炭疽病	50~75g	3	7
	20%微乳剂	炭疽病	40~60mL	3	7
吡唑醚菌酯	25%乳油	炭疽病	15~30mL	3	7
代森联+吡唑醚菌酯	60%水分散粒剂（55%+5%）	疫病	60~90g	3	14
代森锰锌+精甲霜灵	68%水分散粒剂（64%+4%）	疫病	100~120g	3	7
多菌灵+咪鲜胺	25%可湿性粉剂（12.5%+12.5%）	炭疽病	75~100g	3	14
噁霉灵[5]	70%可溶粉剂	枯萎病	1 400~1 842	2	14
噁霉灵+甲基硫菌灵[5]	56%可湿性粉剂（16%+40%）	枯萎病	600~800	2	21
噁唑菌酮+代森锰锌	68.75%水分散粒剂（6.25%+62.5%）	炭疽病、霜霉病	44.9~56.3g	3	14
福美双+五氯硝基苯[6]	20%粉剂（10%+10%）	枯萎病	2.2~3g/kg	1	—

· 160 ·

（续表）

农药名称	剂型及含量	防治对象	用量[2]	次数[3]	间隔[4]
甲基硫菌灵	70%可湿性粉剂	炭疽病	50~80g	3	14
嘧菌酯	25%悬浮剂	炭疽病	833~1 667	3	14
双胍三辛烷基苯磺酸盐	40%可湿性粉剂	蔓枯病	800~1 000	3	5
氯吡脲[7]	0.5%可溶性液剂	调节生长	500~667	1	—
高效氟吡甲禾灵	10.8%乳油	一年生禾本科杂草	35~50mL	1	—

注：1）除特殊规定的外，施药方法都是喷雾。2）噻虫嗪、百菌清、苯醚甲环唑、吡唑醚菌酯、代森联+吡唑醚菌酯、代森锰锌+精甲霜灵、多菌灵+咪鲜胺、噁霉灵+咪鲜胺、噁霉灵+代森锰锌、甲基硫菌灵、高效氟吡甲禾灵为每亩每次制剂施用量，福美双+五氯硝基苯苯为每千克种子制剂用量，余者均为稀释倍数。3）每季作物最多使用次数。4）最后一次施药距收获的天数（安全间隔期），单位为d。5）灌根。6）拌种。7）蘸瓜胎。

附表8　香蕉农药合理使用准则[1]

农药名称	剂型及含量	防治对象	用量[2]	次数[3]	间隔[4]
苯菌灵	50%可湿性粉剂	叶斑病	600~800	3	21
苯醚甲环唑	25%乳油	黑星病、叶斑病	2 000~3 000	3	35
丙环唑	20%微乳剂	叶斑病	400~800	2	60
	40%微乳剂		1 000~1 500		
丙环唑	25%乳油	叶斑病	500~1 000	2	42
代森锰锌	42%干悬浮剂	叶斑病	300~400	3	7
代森锰锌	43%悬浮剂	叶斑病	300~400	3	35
多菌灵+丙环唑	25%悬浮剂（13.6%+11.4%）	叶斑病	800~1 200	2	60
噁唑菌酮+氟硅唑	20.67%乳油（10.67%+10%）	叶斑病	1 000~1 500	2	42
氟环唑	12.5%悬浮剂	叶斑病	833	3	35
	7.5%乳油		500		
腈菌唑	25%乳油	叶斑病	800~1 000	3	21
咪鲜胺[5]	25%乳油	炭疽病	500~1 000	1	14

（续表）

农药名称	剂型及含量	防治对象	用量2)	次数3)	间隔4)
咪鲜胺6)	45%水乳剂	冠腐病、炭疽病	900~1 800	1	7
嘧菌酯	25%悬浮剂	炭疽病	1 000~1 500	3	42
氰苯唑	24%悬浮剂	叶斑病	960~1 200	3	42
噻菌灵7)	45%悬浮剂	贮存病害	600~900	1	10
	40%可湿性粉剂		500~1 000	1	14
戊唑醇	25%水乳剂	叶斑病	1 000~1 500	3	42
烯唑醇	12.5%可湿性粉剂	叶斑病	1 000~2 000	3	35
异菌脲8)	25%悬浮剂	贮藏病害	167	1	—
百草枯9)	20%水剂	一年生杂草	200~250mL	1	—

注：1）除特殊规定外，施药方法都是定喷雾。2）均为稀释倍数。3）每季作物最多使用次数。4）最后一次施药距收获的天数（安全间隔期），单位为d。5）采后浸果处理。6）浸果1min。7）浸果1min后捞出晾干贮存。8）浸果2min后捞出晾干贮存。9）定向喷雾。

附表9　其他果品农药合理使用准则[1]

作物	农药名称	剂型及含量	防治对象	用量[2]	次数[3]	间隔[4]
菠萝	莠灭净[5]	80%可湿性粉剂	一年生禾本科杂草	120~150g	1	—
	溴甲烷[6]	98%熏蒸剂	线虫	51~82mg	1	120
草莓	啶酰菌胺	50%水分散粒剂	灰霉病	30~45g	3	3
	氯化苦[7]	99.5%液剂	黄枯萎病	13.3~20L	1	—
	醚菌酯	30%可湿性粉剂	白粉病	15~40g	3	5
	四氟醚唑	50%水分散粒剂	白粉病	3 000~5 000	3	5
		4%水乳剂	白粉病	480~800	3	7
大枣	代森锰锌[5]	80%可湿性粉剂	锈病	600~800	3	21
番木瓜	草铵膦[5]	20%可溶液剂	一年生杂草	0.2~0.3L	1	14
芒果	多菌灵+咪鲜胺	25%可湿性粉剂（12.5%+12.5%）	炭疽病	600	3	14
	咪鲜胺	45%乳油[8]	储存病害	450~900	1	7[9]
	咪鲜胺	25%乳油[10]	炭疽病	250~1 000	1	20
	咪鲜胺锰盐[10]	50%可湿性粉剂	炭疽病	500~2 000	1	10
	嘧菌酯	25%悬浮剂	炭疽病	1 250~1 667	3	14

（续表）

作物	农药名称	剂型及含量	防治对象	用量2)	次数3)	间隔4)
青梅	亚胺唑	5%可湿性粉剂	黑星病	600~800	3	21
桃	敌敌畏+氯氰菊酯	20%乳油（15%+5%）	蚜虫	2 000~3 000	2	14
	氯氰菊酯	10%乳油	桃蠹螟	2 000~4 000	3	7
	氰苯唑	24%悬浮剂	褐斑病	2 500~3 200	3	14
甜瓜	代森联+吡唑醚菌酯	60%水分散粒剂（55%+5%）	霜霉病	60g	3	7
	氯化苦7)	99.5%液剂	枯、黄萎病	13.3~20L	1	—
	烯酰吗啉+吡唑醚菌酯	18.7%水分散剂（12%+6.7%）	霜霉病	75~125g	3	5
	氯吡脲11)	0.1%可溶性液剂	调节生长	50~100	1	14
	噻苯隆	0.1%可溶液剂	调节生长	300~400	1	35

注：1）除特殊规定的外，施药方法都是喷雾。2）莠灭净、哚醚菌胺、草铵膦、代森联+吡唑醚菌酯、烯酰吗啉+吡唑醚菌酯为每亩每次每制剂用量，余者均为稀释倍数。3）每季作物最多使用次数。4）最后一次施药距收获的天数（安全间隔期），单位为d。5）定向喷雾。6）土壤熏蒸。7）注射于土壤中，注射点间距30cm，2~3mL/注射点。8）浸果1min取出。9）处理后距上市时间。10）贮藏芒果或浸果或喷雾。11）浸瓜胎。

附表10 果树上登记的生长调节剂

调节剂	适用果树	用途	使用方法
	菠萝、荔枝、龙眼、苹果、枣	调节生长	喷雾
	菠萝	增重	喷花
	柑橘、芒果	调节生长	喷幼果
	柑橘	果实增大	喷花
赤霉酸	柑橘	促进果实生长	喷雾
	梨	调节生长、增产、促进果实生长、早熟	涂幼果柄
	苹果	调节生长、增产	涂幼果柄
	葡萄	调节生长、增产	喷雾
	葡萄	调节生长、无核、增产	处理果穗
	苹果	调节果形和生长	喷雾
赤霉酸+6-苄氨基嘌呤	葡萄	调节生长	浸果穗
	枣	提高坐果率	喷雾、喷果穗
赤霉酸+28-高芸薹素内酯	柑橘、荔枝、龙眼	调节生长、增产	喷雾
	苹果	调节生长	喷雾

（续表）

调节剂	适用果树	用途	使用方法
赤霉酸+14-羟基芸薹素甾醇	柑橘	调节生长	喷雾
单氰胺	葡萄	调节生长	喷雾
多效唑	荔枝	控梢、调节生长	喷雾
	龙眼、芒果	控梢	喷雾
	芒果	调节生长、控梢	浇灌
	苹果	调节生长	土壤沟施
复硝酚钠	柑橘	调节生长、增产	喷雾
	荔枝	促花、保果	喷雾
	猕猴桃、枇杷、葡萄	调节生长、增产	浸幼果
氯吡脲	甜橙	调节生长	涂抹果柄蜜盘
	西瓜	提高坐果率、调节生长	浸、喷瓜胎
氯吡脲+赤霉酸	葡萄	调节生长	浸幼果
	果树	多结果实	喷雾
萘乙酸	苹果	调节生长、增产、防落果	喷雾
	葡萄	提高成活率	浸插条基部

（续表）

调节剂	适用果树	用途	使用方法
萘乙酸+甲基硫菌灵	苹果	防治腐烂病	涂抹病疤
萘乙酸+吲哚丁酸	葡萄、沙棘	提高成活率	浸插条基部
	苹果、葡萄、甜瓜	调节生长	喷雾
	葡萄	促进果实生长、增产	喷雾
噻苯隆	甜瓜	调节生长、提高坐瓜率、增产	浸瓜胎
	枣	促进果实生长	喷雾
噻苯隆+24-表芸薹素内酯	葡萄	调节生长	喷施
噻苯隆+赤霉素	葡萄	调节生长	喷雾、浸果穗
烯效唑	柑橘	控梢	喷雾
	柿子	催熟	喷雾、浸果
乙烯利	香蕉	催熟	喷雾、浸果、熏蒸

附表11　果品中食品添加剂的使用

添加剂名称	功能	适用果品	最大用量	备注
巴西棕榈蜡	被膜剂、抗结剂	表面处理的新鲜水果	0.000 4g/kg	以残留量计
对羟基苯甲酸甲酯钠、对羟基苯甲酸乙酯及其钠盐	防腐剂	表面处理的新鲜水果	0.012g/kg	以对羟基苯甲酸计
2,4-二氯苯氧乙酸	防腐剂	表面处理的新鲜水果	0.01g/kg	残留量≤2mg/kg
二氧化硫、焦亚硫酸钾、焦亚硫酸钠、亚硫酸钠、亚硫酸氢钠、低亚硫酸钠	漂白剂、防腐剂、抗氧化剂	表面处理的新鲜水果	0.05g/kg	以SO₂残留量计
聚二甲基硅氧烷及其乳液	被膜剂	表面处理的新鲜水果	0.000 9g/kg	
ε-聚赖氨酸盐酸盐	防腐剂	水果、坚果	0.3g/kg	
抗坏血酸	抗氧化剂	去皮或预切的水果	5g/kg	
抗坏血酸钙	抗氧化剂	去皮或预切的水果	1g/kg	以抗坏血酸钙残留量计
联苯醚	防腐剂	表面处理的柑橘类	3g/kg	残留量≤12mg/kg
硫代二丙酸二月桂酯	抗氧化剂	表面处理的新鲜水果	0.2g/kg	
吗啉脂肪酸盐	被膜剂	表面处理的新鲜水果	按生产需要适量使用	

（续表）

添加剂名称	功能	适用果品	最大用量	备注
氢化松香甘油酯	乳化剂	表面处理的新鲜水果	0.5g/kg	残留量≤0.3mg/kg
肉桂醛	防腐剂	表面处理的新鲜水果	按生产需要适量使用	
山梨醇酐单月桂酸酯、山梨醇酐单棕榈酸酯、山梨醇酐单硬脂酸酯、山梨醇酐三硬脂酸酯、山梨醇酐单油酸酯	乳化剂	表面处理的新鲜水果	3g/kg	
山梨酸及其钾盐	防腐剂、抗氧化剂	表面处理的新鲜水果	0.5g/kg	以山梨酸计
松香季戊四醇酯	被膜剂	表面处理的新鲜水果	0.09g/kg	
稳定态二氧化氯	防腐剂	表面处理的新鲜水果	0.01g/kg	
乙氧基喹	防腐剂	表面处理的新鲜水果	按生产需要适量使用	残留量≤1mg/kg
蔗糖脂肪酸酯	乳化剂	表面处理的新鲜水果	1.5g/kg	
紫胶	被膜剂	表面处理的柑橘类	0.5g/kg	
		表面处理的苹果	0.4g/kg	

附表12　果品的农药残留测定部位

类别	类别说明	测定部位
柑橘类水果	橙、橘、柠檬、柚、柑、佛手柑、金橘等	全果（去柄）
仁果类水果	苹果、梨、山楂、枇杷、榅桲等	全果（去柄），枇杷、山楂参照核果
核果类水果	桃、油桃、杏、枣（鲜）、李子、樱桃、青梅等	全果（去柄和果核），残留量计算应计入果核的重量
浆果和其他小型水果	藤蔓和灌木类： 枸杞（鲜）、黑莓、蓝莓、覆盆子、越橘、加仑子、悬钩子、醋栗、桑葚、唐棣、露莓（包括波森莓和罗甘莓）等	全果（去柄）
	小型攀缘类： （1）皮可食：葡萄（鲜食葡萄和酿酒葡萄）、树番茄、五味子等 （2）皮不可食：猕猴桃、西番莲等	全果（去柄）
	草莓	全果（去柄）
热带和亚热带水果	皮可食： 柿子、杨梅、橄榄、无花果、杨桃、莲雾等	全果（去柄），杨梅、橄榄检测果肉部分，残留量计算应计入果核的重量
	皮不可食： （1）小型果：荔枝、龙眼、红毛丹等	全果（去柄和果核），残留量计算应计入果核的重量
	（2）中型果：芒果、石榴、鳄梨、番荔枝、番石榴、西番莲、黄皮、山竹等	全果，鳄梨和芒果去除核，山竹测定果肉，残留量计算应计入果核的重量

（续表）

类别	类别说明	测定部位
热带和亚热带水果	（3）大型果：香蕉、番木瓜、椰子等	香蕉测定全蕉；番木瓜测定去除果核的所有部分，残留量计算应计入果核的重量；椰子测定椰汁和椰肉
	（4）带刺果：菠萝、菠萝蜜、榴莲、火龙果等	菠萝、火龙果去除叶冠部分；菠萝蜜、榴莲测定果肉，残留量计算应计入果核的重量
瓜果类水果	西瓜	全瓜
	甜瓜类：薄皮甜瓜、网纹甜瓜、哈密瓜、白兰瓜、香瓜等	全瓜
干制水果	柑橘脯、李子干、葡萄干、干制无花果、无花果蜜饯、枸杞（干）、枣（干）等	全果（测定果肉，残留量计算入果核的重量）
坚果	小粒坚果：杏仁、榛子、腰果、松仁、开心果等	全果（去壳）
	大粒坚果：核桃、板栗、山核桃、澳洲坚果等	全果（去壳）

附表13 部分果品的适宜冷藏条件

果品	适宜温度（℃）	相对湿度（%）
白兰瓜	5～8	70～85
板栗	−2～0（北方栗） 0～1（南方栗）	90～95
菠萝	8～9	85～90
草莓	0	90～95
鳄梨	5～13	85～90
番木瓜	13～16	85～90
哈密瓜	5～8（早、中熟） 3～4（晚熟）	80～85
核桃	5	50～60
宽皮橘	4～10	80～85
梨	−1～1	90～95
李子	−1～1	90～95
荔枝	3～5	90～95
龙眼	2～4	85～90
芒果	11～13	85～90
猕猴桃	−0.5～0.5	90～95
柠檬、葡萄柚	10～15	85～90
椪柑	10～12	80～85
枇杷	1～5	85～90
苹果	−1～1	85～90

（续表）

果品	适宜温度（℃）	相对湿度（%）
葡萄	-2 ~ 0	90 ~ 95
山楂	0 ~ 2	90 ~ 95
石榴	4 ~ 5	85 ~ 90
柿子	-1 ~ 0	85 ~ 90
桃	0 ~ 1	90 ~ 95
甜橙	1 ~ 5	90 ~ 95
无花果	-0.5 ~ 0	85 ~ 90
西瓜	10 ~ 14	80 ~ 85
鲜枣	-1 ~ 1	90 ~ 95
香蕉	11 ~ 13	90 ~ 95
杏	-0.5 ~ 1	90 ~ 95
杨梅	0 ~ 1	85 ~ 95
杨桃	5	85 ~ 95
樱桃	0 ~ 1	90 ~ 95

附图1　中国农残限量标准变迁

- 《食品中农药最大残留量》（GB 2763—2005）
- 《食品中百菌清等12种农药最大残留限量》（GB 25193—2010）
- 《食品中百草枯等54种农药最大残留限量》（GB 26130—2010）
- 《食品中阿维菌素等85种农药最大残留限量》（GB 28260—2011）
- 《水果中吡虫脒最大残留限量》（NY 773—2004）
- 《柑橘中苯螨特、噻嗪酮、氯氰菊酯、苯氟螨嘧最大残留量》（NY 831—2004）
- NY 1500系列标准

→

- 《食品安全国家标准　食品中农药最大残留限量》（GB 2763—2012）

→

- 《食品安全国家标准　食品中农药最大残留限量》（GB 2763—2014）

→

- 《食品安全国家标准　食品中农药最大残留限量》（GB 2763—2016）

- 《粮食、蔬菜等食品中六六六、滴滴涕残留量标准》（GB 2763—1981）
- 《食品中甲拌磷、杀螟硫磷、乐果、马拉硫磷、倍硫磷、对硫磷最大残留限量标准》（GB 4788—1994）
- 《食品中敌敌畏、乐果、马拉硫磷、对硫磷最大残留限量标准》（GB 5127—1998）
- 《食品中辛硫磷最大残留限量标准》（GB 14868—1994）
- 《食品中百菌清最大残留限量标准》（GB 14869—1994）
- 《食品中多菌灵最大残留限量标准》（GB 14870—1994）
- 《食品中二氯苯醚菊酯最大残留限量标准》（GB 14871—1994）
- 《食品中乙酰甲胺磷最大残留限量标准》（GB 14872—1994）
- 《稻谷中甲胺磷最大残留限量标准》（GB 14873—1994）
- 《食品中地亚农最大残留限量标准》（GB 14928.1—1994）
- 《食品中抗蚜威最大残留限量标准》（GB 14928.2—1994）
- 《食品中溴氰菊酯最大残留限量标准》（GB 14928.4—1994）
- 《食品中氰戊菊酯最大残留限量标准》（GB 14928.5—1994）
- 《稻谷中呋喃丹最大残留限量标准》（GB 14928.7—1994）
- 《稻谷、柑橘中水胺硫磷最大残留限量标准》（GB 14928.8—1994）
- 《大米、蔬菜、柑橘中喹硫磷农药中地亚农最大残留限量标准》（GB 14928.10—1994）
- 《食品中草甘膦最大残留量标准》（GB 14968—1994）
- 《甘蔗、柑橘中克线丹最大残留限量标准》（GB 14969—1994）
- 《食品中西维因最大残留限量标准》（GB 14971—1994）
- 《食品中粉锈宁最大残留限量标准》（GB 14972—1994）
- 《食品中敌菌灵等最大残留量标准》（GB 15194—1994）
- 《食品中敌百虫最大残留限量标准》（GB 16319—1996）
- 《食品中亚胺硫磷最大残留限量标准》（GB 16320—1996）
- 《双甲脒等农药在食品中的最大残留限量》（GB 16333—1996）

附图2　我国常见果品

阿月浑子

澳洲坚果

板栗

扁桃

菠萝

草莓

醋栗

鳄梨

番荔枝

番木瓜

番石榴

橄榄

枸杞

枸杞子

核桃

黑穗醋栗

红毛丹

黄皮

火龙果

橘子

金柑

蓝莓

梨

李子

荔枝

莲雾

榴莲

龙眼

龙眼干

罗汉果

芒果

毛叶枣

猕猴桃

木菠萝　　　　　　　木瓜　　　　　　　　柠檬

枇杷　　　　　　　　苹果　　　　　　　　葡萄

葡萄干　　　　　　　脐橙　　　　　　　　人心果

软枣猕猴桃　　　　　桑葚　　　　　　　　沙棘

山楂

山竹

蛇皮果

石榴

柿子

柿饼

树莓

松子

酸角

桃

甜瓜

文冠果

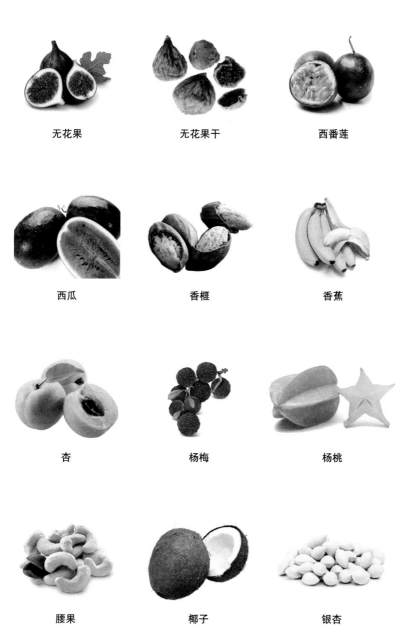

无花果　　　　　　无花果干　　　　　　西番莲

西瓜　　　　　　　香榧　　　　　　　　香蕉

杏　　　　　　　　杨梅　　　　　　　　杨桃

腰果　　　　　　　椰子　　　　　　　　银杏

樱桃

油桃

柚子

枣（鲜）

枣（干）

榛子